环境艺术设计理论与实践研究

丑岩桦 ◎著

中国商业出版社

图书在版编目（CIP）数据

环境艺术设计理论与实践研究 / 丑岩桦著. -- 北京 ： 中国商业出版社，2024. 10. -- ISBN 978-7-5208-3189-5

Ⅰ. TU-856

中国国家版本馆CIP数据核字第2024TP6917号

责任编辑：袁娜

中国商业出版社出版发行

（www.zgsycb.com　100053　北京广安门内报国寺1号）

总编室：010-63180647　编辑室：010-83128926

发行部：010-83120835/8286

新华书店经销

廊坊市旭日源印务有限公司印刷

*

787毫米×1092毫米　16开　9.25印张　138千字

2024年10月第1版　2024年10月第1次印刷

定价：55.00元

*　*　*　*

（如有印装质量问题可更换）

前　言

环境是人类生存的物质空间，而艺术则是人类精神空间的产物。环境与艺术的结合是人类文化的进步。环境艺术设计是现代社会急需的新兴学科，它涵盖了城市街景、广场设计、建筑装饰、园林景观、公共设施、室内设计、装饰装修等，是人类生存环境中从宏观到微观的整合设计。

本书立足于环境艺术服务于社会大众的实用功能，对环境艺术设计的理论及实践进行研究，以环境艺术设计的基本概念、主要目的以及发展历程和趋势为切入点，分析了环境艺术设计的构成与环境艺术设计的方法、环境艺术设计快速表现技法训练实践，探讨了中国传统美学在室内环境设计中的应用实践案例。

本书提供设计中的指导原则和方法，目的是有助于提升设计质量和创新能力。通过案例分析和理论探讨，促进设计师之间的交流和思想碰撞。通过艺术与环境的结合，提升公众对环境艺术的审美能力和生活品质，同时对环境艺术设计的理论探讨也有助于推动该领域的学术发展和行业进步。

目　录

第一章 环境艺术设计概论

第一节 环境艺术设计的基本概念

环境是人类行为和文明的承载空间，与人类的生存和发展有着密不可分的关系。自远古时代开始，人类从未停止过对理想环境的追求，从气势磅礴的卢浮宫和凡尔赛花园到“造园如作诗文，必使曲折有法、前后呼应”的江南园林，从被泰戈尔誉为“永恒面颊上的一滴眼泪”的泰姬陵到拿破仑眼中“欧洲最美丽的客厅”的圣马可广场。世界各地的人们在居住环境的营造中倾注了无尽的热情和心血，发挥了无限的想象力和创造力。环境艺术承载着人类文明的历史，是人类宝贵的财富。然而，人们在对自然环境改造和利用的过程中，也逐渐意识到，环境既是开放包容的，也是敏感脆弱的。面对生态危机、气候异常、资源枯竭、自然环境日趋恶化的现实，我们必须以更加理智严谨的态度去审视我们所处的环境和我们曾经对环境所做的一切。创造一个优美宜人、具有深厚文化底蕴的生存环境，已经成为21世纪全球范围内人类活动的共同主题。

一、环境的概念

环境虽是一个极其广泛的概念，但是相对于某一主体而言，不能孤立存在。环境研究的范围涉及艺术与科学两大领域，并借助自然科学、人文科学的各种成果得以发展。从宏观层面上看，我们可以按照环境的规模以及与我们生活关系的远近，将环境分为聚落环境、地理环境、地质环境和宇宙环境四个层次。其中，聚落环境作为人类聚居的场所和活动中心，与我们的生活和工作关系最直接、最密切，是环境艺术设计的主要研究对象，也是本节研究的核心内容。聚落环境主要包括自然环境、人工环境和人文社会环境。

（一）自然环境

自然环境也可称为地理环境，通常指环绕人类社会的自然界。它是生产资料和劳动对象等各种自然条件的总和，是人类生活、社会存在和发展物质基础的必要条件。

自然环境是人类社会赖以生存和发展的基础，对人类有着巨大的经济价值、生态价值以及科学、艺术、历史、游览、观赏等方面的价值。对自然环境的认识因东西方文化背景差异而不同。在欧洲古典文化中，自然作为人类的对立面出现，其中古希腊哲学家柏拉图的洞穴理论就表现了这一矛盾关系，其描述的是只能看到影子而看不到真相的囚徒，走出洞穴后看到美好景象的故事。而在中国古代文明中，自然是自然而然的意识，包含“自”与“然”两个部分，即包含人类自身以及周围世界的物质本体部分。中国古代两大哲学派别——儒家和道家都认为自然是被看作有生命的。唐代《黄帝宅经》中对住宅与周边环境的关系有这样的描述：“宅以形势为身体，以泉水为血脉，以土地为皮肉，以草木为毛发，以舍屋为衣服，以门户为冠带。若得如斯，是事严雅，乃为上吉。”这段话是说：住宅的地形地势好像我们的身体，河流水系好像我们的血脉经络，土地高山好像我们的皮肤和肌肉，草木花卉好像我们的毛发，房屋建筑好像我们的衣服，门窗好像我们的帽子和腰带。如果这些都收拾得停停当当，既庄严又文雅，那就吉上加吉了。这种追求人与自然和谐关系的自然观对今天的环境设计仍然有着重要的指导意义。

（二）人工环境

人工环境是指经过人为改造的自然环境（如耕田、风景区、自然保护区等），或经过人工设计和建造的建筑物、构筑物、景观及各类环境设施等，适合人类自身生活的环境。建筑物包括工业建筑、居住建筑、办公建筑、商业建筑、教育建筑、文化娱乐建筑、观演建筑、医疗建筑等多种类型；构筑物包括道路、桥梁、堤坝、塔等；景观包括公园、滨水区、广场、街道、住宅小区环境、庭院等；环境设施则包括环境艺术品和公共服务设施。人工环境是人类文明发展的产物，也是人与自然环境之间辩证关系的见证①。

（三）人文社会环境

人文社会环境是指由人类社会的政治、经济、宗教、哲学等因素形成的文化和精神环境。在人类社会漫长的历史进程中，不同的自然环境和地域特征的相互作用，形成了不同的生活方式和风俗习惯，造就了不同的民族和文

①俞洁．环境艺术设计理论和实践研究[M]．北京：北京工业大学出版社，2019.

化。而特定的人文社会环境反过来也影响着人与自然的关系，影响着地域人工环境的形成和风格。

二、艺术与设计

艺术，即人类通过审美创造活动再现现实和表现情感的方法，是人们对世界的一种特殊表达方式。具体来说，它反映的是人们的现实生活和精神世界，也是艺术家们对感知、理想、意念等综合心理活动的有机产物。在我国，“设计”一词原与军事有很深的渊源。《十一家注孙子》中有云：“计者，选将、量敌、度地、料卒、远近、险易，计于庙堂也。”这个“计”，便是经过计算而得出的计划、谋略。这个意义上的“设计”强调了如下两点：其一是对目标的预设；其二是对过程的指导，因此是思想和操控并重的。英文的“design”（设计）来源于拉丁语的“desinare”，这个词在英语中既是动词又是名词。自文艺复兴起，西方话语体系中的“设计”开始与美术相关，而且与科学理性的训练方式有关。1788年出版的《大不列颠百科辞典》对“设计”的解释是“艺术作品的线条、形状，在比例、动态和审美方面的协调”。1975年的工业文明催生了现代设计理论与实践，包括现代建筑、工业产品设计、平面设计、服装设计等在内的西方现代设计。

在历经工艺美术运动、新艺术运动、装饰艺术运动、现代主义运动、后现代主义运动等诸多潮流的洗礼后，现代设计不断发展和完善。其中现代设计与传统设计的重要区别在于现代设计是与机械化大生产相适应的。

从20世纪初至20世纪30年代，在现代科技革命的推动下，以工业化大生产为基础的现代主义设计运动席卷欧美。格罗皮乌斯、赖特等一批设计精英及其追随者奠定了现代主义设计的实践和理论基础。他们倡导的功能主义设计原则以及科学、理性的设计方法和美学趣味开创了一个现代主义设计的新时代。以包豪斯为代表的现代设计教育体系又进一步将这种影响力扩展至更广和更深的层面。

20世纪30年代以后，包豪斯设计学院的大批设计师移民到美国，现代主义设计运动以美国为中心继续发展，形成了国际主义设计风格，极大地改变了人们的生存环境、消费需求和审美趣味，其设计思想、原则和风格在20世纪70年代之前一直占据世界设计理论和实践的主流位置，同时为其后的设计理论和实践的转向提供了一个批判的标准和参考。

现代艺术设计各专业的产生，完全是工业化的结果，如以印刷品为代表的平面包装设计；以日用器物为代表的工业产品造型设计；以建筑和室内为代表的空间设计；以动画大片为代表的动画设计。大批量、标准化、通用化等工业生产特征在这些行业得以充分体现，并以单一系统的产品显现其最终的价值。人的精神审美与行为功能需求构成了艺术设计工作的全部内容。

可以说，设计的整个过程就是把各种细微的外界事物和感受，组织成明确的概念和艺术形式，从而构筑满足人类情感和行为需求的物化世界。设计的全部实践活动的特点就是使知识和感情条理化。这种实践活动最终归结于艺术的形式美学系统与科学的理论系统。也就是说，设计是艺术与科学的综合。

三、环境艺术设计的本质

（一）环境艺术设计是整体的艺术

环境艺术设计将城市、建筑、室内外空间、园林、广告、灯具、标志、小品、公共设施等看成一个多层次、有机结合的整体，它面临的虽然是具体的、相对单一的设计问题，但在解决问题时还应兼顾整体环境。在公共空间以外的领域，特别是现代商业空间设计及居室设计中，品牌战略、体验设计、用户理解、可持续设计这些新的理念，使环境艺术设计与制造产业、文化媒体产业、商业服务业的关系更加紧密，对使用者更加理解、更加尊重。即便是在某些公共空间中，广告、陈列、标识和指示系统也很可能成为与空间同等重要的元素，如飞机场等候大厅中的导视系统。

（二）环境艺术设计是多渠道传递信息的体验艺术

环境艺术设计充分调动各种艺术和技术手段，通过多种渠道传递信息，综合利用环境要素及其构成关系，以创造一定的环境气氛，使人们共同参与审美活动。环境空间中的形、色、光、质感、肌理、声音等要素之间构成各种空间关系，对人们的视觉、听觉、味觉、嗅觉、触觉等产生多重刺激，进而激发人们的知觉、推理和联想，然后产生情绪感染和情感共鸣，从而满足人们的物质、精神、审美等多层次的需求。例如，日本枯山水园林景观以白砂和石组为主要元素，不引流，也不用水，通过铺设白砂、勾勒砂纹、放置石组做成园林景观。尽管不是真的山水，但人们由它的形象和题名的象征意义可以自然地联想到真实山水，这种处理可以引起人们情感上的联想和共鸣，有时比真实的山水更含蓄、更有魅力。

（三）环境艺术设计是具有功能性的实用艺术

环境艺术设计强调最大限度地满足使用者多层次的需求，这既包括休息、工作、生活、交通、聚散等物质要求，也包括交往、参与、安全等心理要求。

第一，环境艺术设计应满足人的生理需求。经过精心设计的环境空间，其大小、容量应与相应的功能匹配，能为人们提供具有遮风挡雨、保温、隔热、采光、照明、通风、防潮等良好物理性能的空间。空间与设施的设计应符合人体工程学的原理，满足不同年龄、性别人群的坐、立、靠、观、行、聚集等需求。例如，商业空间中的休憩环境应为儿童提供游戏玩乐的空间，为成年人提供交谈休闲的空间等。而校园中的户外环境则应满足师生课外学习、散步、休息、集会、娱乐、缓解精神压力的空间需求。

第二，环境艺术设计应满足人们不同层次的心理需求，如对私密性、安全性、领域感的需求。

第三，环境艺术设计还应促进人与人的交往。随着生活水平的提高，人们对环境的认识也在不断加深，越来越多的人开始厌倦城市钢筋水泥的冰冷和单调，厌倦千篇一律缺乏文化特色的环境，而环境艺术则可满足人们对自然、历史、情感等的心理需求。

（四）环境艺术设计是具有生态学特征的“时间艺术”

环境艺术设计是一个渐进的过程，每一次的设计，都应在可能的条件下为下一层次的设计或今后的发展留有余地。这种设计是一个连续动态的渐进过程，而不是传统的、静态的、激进的改造过程，这也符合弗朗西斯·培根所说的“后继者原则”。因此设计师既要展望未来，又要尊重历史，以保证每一个单体与总体在时间和空间上的连续性，使它们之间能够建立和谐的对话关系。

“罗马不是一日建成的”，任何成熟的环境都是经过漫长的时间逐渐形成并且不断变化的。从这个意义上说，环境艺术作品永远都处于未完成状态。环境艺术是人类文明的体现，只要人类社会不断发展，环境的变化就不会停止。每一次文化的进步、技术的发展，都会给环境建设的理念、技术、方法带来新的突破，因此，环境艺术设计是一个动态的、开放的系统，它永远处于发展的状态之中，是动态中平衡的系统。

第二节 环境艺术设计的主要目的

一、使用性和精神性

环境艺术设计的首要目的是通过创造室内外空间环境为人类服务，始终把满足人们的使用需求和精神需求放在首位，综合解决使用功能、经济效益、舒适美观、艺术价值等各种问题。这就要求设计者具备人体工程学、环境心理学和审美心理学等方面的知识，科学地、深入地研究人们的生理特点、行为心理和视觉感受等因素对室内外空间环境的设计要求。

1943年，美国人文主义心理学家马斯洛在《人类动机理论》一书中，提出了“需要等级”的理论。他认为，人类普遍具有五种主要要求，由低到高依次是：生理需求、安全需求、社会需求、自尊需求和自我实现需求。在不同的时间、不同的环境，人们各种需求的强烈程度会有所不同，但总有一种需求占优势地位。这五种需求都与室内外空间环境密切相关，如生理需求与空间环境的微气候条件有关，安全需求与室内外设施安全、可识别性有关，社会需求与空间环境的公共性有关，自尊需求与空间的层次性有关，自我实现需求与环境的文化品位、艺术特色有关。只有当某一层次的需求获得满足之后，才可能实现更高一层次的需求。当一系列需求的满足受到干扰而无法实现时，低层次的需求就会变成优先考虑的对象，因此，环境空间设计应在满足较低层次需求的基础上，最大限度地满足较高层次的需求。

随着社会的发展，人的需求也随之发生变化，而这些需求与承担它们的物质环境之间始终存在着矛盾。一种需求得到满足之后，另一种需求又会随之产生。这个永不停息的动态过程，才使得建设空间环境的活动和研究也始终处于不断发展中。

二、科学性和艺术性

从环境艺术设计的发展历程来看，新的风格和潮流的兴起总是与社会生产力的发展水平相适应的。

社会生活和科学技术的进步，人们价值观和审美观的转变，都促进了新材料、新技术、新工艺等在空间环境中的运用。环境艺术设计的科学性，不仅体现在物质和设计观念上，还体现在设计方法和表现手段上。

环境艺术设计需要借助科学技术，来达到艺术审美的目标，因此，人性化的科技系统将被更多的设计师掌握，它说明了环境艺术设计的科技系统具有丰富的人文科学内涵，具有浓厚的人性化色彩。自然科学的人性化，是为了消除工业化、信息化时代科学对人的异化、对情感的淡忘。如今节能、环保等许多前沿学科已进入环境艺术设计领域，而设计师设计手段的智能化以及美学本身的科学化，又开拓了环境艺术设计的科学技术新天地。

第三节 环境艺术设计原则

环境艺术设计的根本目的是为人们的生活提供一个理想的、合乎生理和心理需求的高品质的生存空间。这个空间应该首先符合自然发展规律，环境艺术设计中合理的空间功能及技术要求完成后，需要进行外在的形态设计。室内家具陈设、照明、室外绿化、环境设施等的设计都是环境艺术设计的任务。这些设计任务主要是针对形态、肌理、质感、色彩等造型元素进行有机合理组织的关系艺术，包括材料色彩的冷暖关系、光照强度的对比关系、空间形态的虚实关系、形式体量的大小关系等。整体与局部关系的总体把握是表达艺术形式美感的关键点。外在形态依靠体现视觉与功能之间关系的形态、线条、体块、材质、色彩等要素的有机组织得以表现，视觉与功能之间的关系必须经过有规律的形式美法则的训练来把握。形式创造力是合理组织审美能力与形式表达能力的形态创新，环境艺术设计形态从原理上讲由不同的几何形体组合而成，几何形式的抽象性对于设计而言是抽象美感表达的视觉敏感力再现。因此，即使是最好的设计，不与环境中的其他元素协调起来也是失败的，技术的发挥只有整体配合，才能产生整合力。

一、尊重环境自在的原则

环境是一个客观的存在系统，有它自身的特点和发展规律，人类应该尊重它，而不是随意改变它。人类自身也带着自然的属性，也是环境的一部分，和其他元素一起构成自然环境的整体。人类破坏了自然，也就等于破坏了自己。自从有了人类社会，人类为了改善生存环境，开始了对自然的利用和改造，早期的人类活动由于技术能力的限制，只是在有限的条件下进行，随着科学技术的发展，人类开始大量无序地开发自然资源，建造了大规模的人工环境，违背了自然的规律，使生态平衡在一定程度上遭到破坏。在进行环境艺术设计时，我们应该与环境协调共处，尊重客观规律。环境是一个复杂的完整的生态平衡系统，是相互牵连的网络关系，对某一局部的破坏就可能引起全局发生变化。从某个角度看，人类的科学技术能力还远远不能掌握和控制自然，只有人与自然和谐相处才是真正尊重自然、尊重人类自身的最佳选择。除了对自然环境的保护外，还应注意对历史环境的保护，我们国家的历史非常悠久，留下了相当多的古建筑，尽管有些由于年代久远，显得破旧甚至成了废墟，但是古迹是不能轻易地去修复或重建的，即使破旧，也仍有沧桑感，让人怀古思今。现在有些地方将古迹开发作为旅游景点，不懂古迹的价值，将古迹翻新，实质上是破坏了古迹，破坏了历史环境。因此，在环境艺术设计过程中对于自然环境和历史环境应该予以同样的尊重，尊重它们的自然性。

二、科学技术与艺术结合的原则

环境艺术应该体现当今科学技术的水平和人的审美追求及趣味，将现代科技成果用于构筑理想的环境之中。科学技术与艺术在环境艺术中是既相互制约又相互促进的关系，技术在一定程度上制约着艺术的形象创造，环境中的造型是以实体形态出现的，物质实体造型通常需要科学理论和技术支持才能得以实现。如建筑空间的跨度在古代是非常小的，以至于稍大的空间内必然会有许多柱子。随着科技的发展，新结构理论的出现、新材料的使用，使建筑空间的跨度越来越大，如今一个容纳几万人的室内体育场，中间无一根柱子，也已是司空见惯。这是受益于薄壳、网架等结构技术的出现。艺术是在技术制约的前提下发挥想象力和创造力，创造的形象应符合使用、审美和文化要求，而且要合乎技术和科学规律。在实践中，艺术也并不总是受制约和被动的，艺术要求通常可以促进技术的改进和发展，对造型的要求是技术追求和发展的目标。例如，悉尼歌剧院的造型设计以当时的结构技术是无法实现的，但是新颖和奇妙的形式让人们希望它能实现，经过结构工程师多年的努力，最终得以成功，同时也使技术得到进一步发展。设计最合乎需要的造型是环境艺术设计的目标，技术是手段，是艺术实现的支撑，科学技术应与艺术紧密结合，而不应当片面强调某一方面，两者应是有机结合的关系。

三、注重空间表达的原则

随着社会经济日益繁荣，人们对环境艺术设计的要求也不断提高。最初，建筑空间环境是基于人们生活功能需求逐渐细化产生的。在当下社会中，人们对空间环境的要求不再局限于功能环境的满足，而是渴望得到精神享受与实现自身社会价值。一个空间环境无非就是通过点、线、面等要素有机组合形成的，但这只是手段和方式。我们所要求的理想空间环境并不是一个冰冷的居住机器，而是充满感情和诗意的栖居空间。通过环境艺术设计的塑造和表现，把特定的空间环境情感、意境传递给人们，以此作为环境艺术设计特定的表达方式。随着对环境艺术设计体验的加深，人们在情感和心灵上有了不同的感受。这种通过环境艺术设计营造出来的时空变换所带来的审美趣味，绝不是单靠具有象征意义的装饰可以获取的，而是深层文化特质的充分体现。

四、关注精神需求的原则

中国传统美学为现代环境艺术设计注入了新的美学精神。关注精神需求要求现代环境艺术设计不仅要具备一定的艺术性，满足人们的审美要求、情感要求和思想要求，还要通过物化的手段体现其文化性，反映室内外环境的历史底蕴、文化内涵等，以满足人们的精神需求。此外，还应该反映当地的民风民俗，创作一些具有一定地域性和时代性的设计作品。

不同的艺术形式有自己存在的准则和价值。环境艺术设计作为一种抽象且立体的艺术形式，它的存在总会承载着某个时代所赋予的特征，也记录着那个时代人们的审美需求。在当今社会，人们过于强调对物质价值的追求，而忽略了人最原本存在的意义、心灵的寄托、生活的初衷及精神元素的终点。设计师应把中国传统美学融入当下环境艺术设计创作中，使人与空间产生一种精神对话，开启对生活深层次的探索。

五、系统和整体原则

环境艺术是一个系统，它由自然系统、人工系统组成。自然系统又有地形、植物、山水、气候等多方面，人工系统则更加多样和复杂，包括建筑、交通、设备、供给水设施、电力照明设施、绿化等。从环境艺术的构成上说，除实体的元素外，还有思想、观念、意识等，涉及多门学科或领域，是一个真正包罗万象的庞大系统。因此，环境艺术设计必须要有系统和整体的观念，整体是由局部构成的，但是局部与局部的相加并不等于整体，这是视觉认知的规律之一。格式塔心理学理论对此做过详细的阐述，对一个物的形的认识，不是这个物的轮廓所构成的形状，或是它的表现形式，而是物在观察者心中形成的一个有高度组织水平的整体。“整体”是格式塔心理学的核心，它有两个特征：一是整体不等于各个组成部分之和；二是整体在其各个组成部分的性质（如大小、方向、位置等）均变的情况下，依然能够存在。例如，对于一个轮廓上有缺口的圆的图形，人的视觉会自动将其补足而使之保持圆的整体性。一个三角形，不管它朝向哪一方，人们都能识别出是三角形。环境艺术的整体效果，不是各种要素简单、机械地累加，而是各要素相互补充、相互协调、相互加强的综合效应，是整体和部分之间的有机联系。

环境艺术设计的整体还可以分两个层次来理解，首先是指建筑、道路、绿化、设施等实体元素构成的环境整体，这是客观物质的层面；其次是从功能、科技、经济、文化、艺术等要素组成的环境艺术整体理解，这是深层次理解环境艺术的整体观念。环境艺术整体意识是设计的重要原则，在进行具体设计的时候必须要考虑到整体，用联系的方式思考局部与整体的关系。

六、创建时空连续的原则

环境艺术是一门兼有时间和空间性质的实用性艺术，是由自然要素和人文要素共同构成的。从自然方面看，任何环境都处在特定的自然条件下，受到地理、气候和材料技术及物质条件的制约和影响，因此形成不同的地域差别，如各地形态各异的民居就是最为典型的例子。当然，各地区人们的思想观念、道德伦理、宗教信仰、审美意识和人文因素也同时对环境的创造产生巨大的影响，因此从空间角度看，环境艺术带有鲜明的地区性。从时间角度看，环境艺术作为一种文化类型有着很强的传承性质，一个时代的风格和特点总是受到上一代的影响，但同时也会烙上当代的明显印记，这是时间的连续性。人类文明总是在前人的基础上继续发展和进步，环境艺术设计注重对传统的继承和对未来的延续。环境艺术是一个动态发展的过程，永远在不断的新旧交替的过程中，它既有传统的东西，又不断地有新的内容补充，新旧共生于同一载体内，相互融合，共同发展。每一特定环境总是对一个时期和一个区域的物质和精神文化的真实记录，从某种意义上说，环境艺术的发展史就是一部记录人类文明的发展史。任何事物都是在否定之否定的规律下发展的，舍弃不利于自身发展的因素从外部吸收养分，促进新陈代谢，有机更新。环境艺术也需要在这种积极的发展规律下吸收外来的合理成分，改善自身的机能，促进自身的发展。

七、尊重民众、树立公共意识的原则

现代环境艺术设计从它产生之日起，就注重它的民众性，不管它的初衷是否出于经济利润的考虑。社会发展到了今天，为百姓服务，为大众的利益考虑，应该已经达成了共识。当今是一个消费的时代，设计不再是设计师强调自己的意愿，强加于人的设计，而是尊重社会公众的意识，由公众来选择、评判设计。从使用的对象上说，环境艺术设计大多是为使用者、公众而作的，所以必须要听取使用者的意见，征求公众的建议，设计师与使用者的关系应该是明确的。作为设计师不能一味地迎合一些低级要求，设计师应该比使用者和公众有更高的审美眼界，向使用者和公众推出高质量的设计方案，正确地引导使用者和公众。现代社会的环境大多是为公众服务的，所以一定要有较强的民众意识，“公众参与”也不应是一句口号，而是实实在在的行动。尽管在现实中还有许多不尽如人意的地方，但设计师应该坚持尊重民众意愿，树立公共意识，这也是现代环境艺术设计的原则之一。

八、可持续发展的原则

人类开发和利用自然资源和能源的目的是改善自己的生存环境，但是过度的开发和毫无节制地滥采导致自然环境被破坏，结果也损害了人类自身。自然资源和能源不是轻易就能再生的，有些根本就是不可再生的，例如石油、煤等。即使像木材等可以再次生长的植物也需要相当长的生长周期，而人类现在利用自然资源的速度远比自然资源生长的周期快得多，如此下去的结果必然是资源的枯竭。对自然的开发和利用以及由此带来的废气、废物等又会污染环境，甚至废弃的产品也会再次污染环境，导致了生态环境发生改变。而需要提醒的一点是，许多环境一旦破坏，就不可再生，一些原本是植物茂盛的绿地，由于水土的流失而成为荒漠的例子相当普遍，教训是深刻的。所以，在我们利用自然资源的时候，应该考虑未来，考虑生态的平衡，考虑可持续发展的可能。“绿色设计”和“可持续发展”不应该仅挂在嘴上，而应是具体的行动，可持续发展的原则在环境的建设中具体体现在保持自然原本的生态，不要肆意破坏自然，不能大面积地砍伐森林和铲除绿地。在环境艺术设计中，对建设材料的选用也应该尽量采用可再生的植物以及可再利用的材料和没有环境污染的材料。总之，为了人类自己，对自然的开发和利用应慎之又慎。

第四节 环境艺术设计的美学思想

环境艺术设计，是以解决人与自然环境、人工环境协调发展为任务，为不同国家、民族、地域、文化背景的人提供使用功能和文化功能俱佳的环境空间。随着人们对于居住环境要求的提高，将环境艺术设计与美学思想完美融合是现代环境艺术设计发展的必然趋势。以此为基点，本节探讨美学思想在环境艺术设计中的应用，探索设计美与自然美的统一，解决美学思想在现代环境艺术设计中如何应用和发展的问题。

一、环境艺术设计中美学思想的相关理论概述

环境艺术设计是人类利用美学思想改造环境的实践创新活动，它遵循美

学的基本规则和表达方法。环境艺术设计美学在20世纪产生，发展到今天，环境艺术设计的要求不再仅限于适合人类居住，它更迫切要求增强设计美感对人们精神体验的功能作用。美学思想反映的是多种元素的互补应用，如我们在建筑中用到的统一协调、对称平衡、比例、规模、布局以及对风格、特性、色彩等元素的交叉叠加运用。环境艺术设计将这些元素融合在一起，不仅展现出设计的美感，也将实用价值和社会价值完美结合在一起，设计出适合人类居住的空间环境。

（一）理解美学的概念

美学是人们潜意识中依据自己的审美标准、喜好、经验、认识和期望等因素对客观事物感性形象的主动反映。人与自然的相互作用促成了审美意识的形成与发展。人们可以从自然物的颜色和外形特征中得到诸多审美感受，如壮阔、幽静、清雅、洁净等。另外，人们也会根据自己的审美感受和标准来保护或改善环境。环境艺术设计中的内容也正好包含人对环境的喜好、经历、认识等多样的审美要求。

（二）环境艺术设计中的美学内涵

环境艺术设计是综合利用各种艺术手段和工程技术手段，为人们创作出兼具科学与美学的生存环境的一种艺术活动。它的美学内涵蕴藏在整个设计过程和设计空间之中。一个成功的环境艺术设计作品，是符合生态原则、适应人的行为需求、具有独特风格的空间特征和文化意蕴的和谐统一的空间艺术整体，可见环境艺术设计是审美价值与使用价值的综合体。环境艺术设计分为室内设计和室外设计。我们在旅游时看到的许多风景，大部分是经过设计师在原景的基础上进行设计而得来的。环境艺术设计的目的之一就是通过系统的艺术设计来增加场景空间的美感。不管是室内设计还是室外设计，努力地使空间环境具有美的时代感是环境艺术设计所追求和奋斗的目标。人们运用环境艺术设计，通过设计作品所表现出来的美学特征来愉悦身心、美化生活。可以说，环境艺术设计中美学特征的体现是设计作品成功的重要标志。在具体的设计过程中，设计者主要通过色彩、景物造型、特定的装饰等来体现环境艺术设计中的美感；通过不同颜色的相互融合、相互排斥、相互混合或者相互反射，从而产生不同的视觉效果；通过色彩引起人们的联想，使环境艺术设计达到使人产生有效、积极的心理审美反应的目的。例如，绿色让人感到清新，红色让人感到热情，灰色让人感到忧郁，橙色让人感到明媚，所有这些都为环境艺术设计的美学特征增加了更多的人文色彩。不同的装饰能够突出不同的景物特点，增强设计的表现力，不管哪一种形式都能够表现出环境艺术设计不同的美学特征。只有充分地理解和把握环境艺术设计中的美学特征，才能够使环境艺术设计更好地为人类服务。

（三）环境艺术设计美学的特点

环境艺术设计中包含的美学与纯艺术美学是有诸多差异的，环境艺术设计美学是把美学思想、艺术设计原则应用到设计之中而产生的美学，下面从特色性、整体性和生态性三方面进行探析。

1.特色性

由于一些设计本身具备显性的特征和吸引力，所以很容易给人以美好而又深刻的印象。一棵树、一湖水、一座山、一座建筑、一个村落、一个城市都是独一无二的恩赐，在历史文明发展进程中都是无法复制的特色文化。人们利用自然赐予的基本生存环境，结合历史留给我们的丰富文化遗产，创造出具有特色的环境艺术设计作品。

2.整体性

环境整体性意识的确立是环境艺术设计的核心，把环境的整体性意识运用到设计中来，再通过各类设计形式把整体性表现出来是环境艺术设计的灵魂。中国古籍《释名》中称："美者，合异类共成一体也。"一个城市是一个完整的美学系统，这个系统由不同部分构成，有小区布局、建筑、广场、园林绿化，每个设计单体各具特色而又和谐归整于环境的整体性之中。

3.生态性

生态世界观的美学思想是应时代要求产生的环境艺术设计理念。作为一种新的建立在现代环境科学研究基础的边缘学科，它是以生态美学为基础的新世界观，与为了抗争人类与自然之间的关系而片面强调自然美景的设计原则截然相反，它是考虑到人与自然之间的相处模式，用人与自然共存的眼光来确认美的价值的设计原则。在生态美学的观点下，环境艺术设计也被称为绿色生态环境设计。

（四）环境艺术设计中美学的发展现状

美需要人去发现它、照亮它。环境艺术设计从无到有，审美理念从低级到高级的发展现状是由人们的生活水平和时代的发展需求决定的。每个时代都有其符合时代要求的美学思想，就我国的环境艺术设计中的美学思想发展来说，有传统和现代之分，要深入理解和发展美学，我们就必须找到自己的立足点。

二、环境艺术设计中美学的应用分析

（一）设计理念与环境设计

时代在进步，设计理念也会随之变化，而它对环境的影响已经成为现代人们关注的焦点话题。现代环境艺术设计中的美学概念是一个重要的艺术类别。好的设计不仅可以愉悦身心，更重要的是可以提升人们的审美能力，帮助人们增强改善环境的意识，从而实现绿色协调可持续的健康发展。

（二）人文环境与环境艺术设计

人文环境的适用概念指人们生活的社会环境，表现的是能够对人的精神产生潜移默化作用的民族灵魂，与自然环境既对立又统一，它的主要目的是满足人类在物质和精神方面的需要。人文环境有其一定的稳定性，对环境艺术设计影响深远。一般认为，我国的设计秉承中庸之道，因为受到传统设计崇尚自然的思想影响，强调人与自然的集成。当然，由于我国民族众多，历史悠久，所以各民族间的环境设计又有所不同。例如，我国福建的土楼建筑和北京的胡同文化，皆因受不同地理文化影响而有所不同。

（三）人的行为与环境艺术设计

人总会与各种空间发生关系，于是人的行为对环境设计会有一定的影响，只有当空间与人的行为发生某种关系，这个空间才会具备现实意义。确切地说，环境设计是为人类活动而生的，人们周围的各种室内活动空间和室外活动场所均为设计和改造变通的对象。人们在适应环境和改变环境的过程中赋予了其新的外延和模式，使社会理念融于设计，符合人们的审美，这便是环境艺术化处理。而人的行为则是设计的依据，在景观设计中，一个座椅、一条小径、一个花园的设置都要以人的行为为依据。

三、设计美学思想、环境艺术设计的完美结合与发展

设计美学是美学的一个新的分支，在环境艺术设计中，设计美学的应用

是十分普遍的。它是自然科学与社会科学、科技与艺术、物质文化与精神文化相互融合与相互作用的产物。不同国家和地区的历史文化不同就会形成审美差异。随着现代社会物质和科学文化水平的提高，依据不同的文明理念，在不同的东西方美学的影响下，我国的环境艺术设计形成了不同的设计风格，其基本类别可分为现代综合形式、模仿西式和独具中国特色的民族传统形式。对于设计美学认识的延伸，是因为人类对物质生活水平和精神水平要求不断提高以及对于美的享受的永恒追求。

四、环境艺术设计中设计师提高对美学思想认识的方法

（一）提高设计人员的审美尺度

人类的审美总会受到地理环境、生活习惯、社会趋势和时代精神的影响，从而形成比较统一的审美标准，它的形成既具有主观性和相对性，又具有客观性和普遍性。审美标准一般分为两种：普通个人审美和社会审美。普通个人的审美一般会受到社会审美趋势的影响，而社会审美一般由对艺术设计较为敏感且有表达能力的专业设计人员引领。为了尽量让人们享受到更加具有美感、更加符合审美标准的艺术作品，作为从事设计行业最敏感的接受者，设计师要不断开阔自己的眼界，提高自己的审美能力，以带动大众的审美标准发展。

（二）从传统优秀设计中汲取营养，从地域文化中赋予独特内涵

自然因素是环境艺术设计考虑的第一条件，独特的自然条件构成地区环境差别，设计师在设计时需以地区差异作为考虑对象，并考虑其在整个设计过程中的重要作用。凡是能为人称道的作品都有一定的文化符号显示，如习俗、历史、地理等符号特征，它们或反映现代设计与传统的结合，或反映地区与世界的联合，充分彰显环境艺术设计的独特魅力。要想把环境艺术设计发扬光大，就应该从民族传统优秀艺术设计中汲取养分，从地域文化中赋予独特内涵，以不断进步发展的科学技术为表现手段，进一步扩大现代环境设计艺术的影响。

（三）环境艺术设计结合文化精神与元素

从本质上说，环境艺术设计是自然的再创造，设计人员通过对审美理念的解读，将独特的设计理念通过造型、色彩、材料等元素传达出来，使人心

理产生一定的愉悦感受。沙里宁说："让我看看你的城市，我可以告诉你这个城市居民在文化上追求的是什么。"作为环境艺术设计重要的一部分，城市景观设计是否优良是极其重要的，它与人类的生活质量息息相关。一个城市的审美情趣和文化理念都通过环境艺术造型凸显出来，想要得到一个满足城市居民生活的优良设计，不仅要考虑环境影响，更应该考虑该地区居民的文化生活大背景及其审美因素。

在经济、文化、科技快速发展的基础上，环境艺术设计不仅给人们带来了一些新科技材料的运用，更是给人们带来追求健康、环保的生活理念，促进了人们审美能力的发展以及新的设计理念的形成，让更多的人欣赏到美丽的风景。科学技术的发展，无疑会给环境艺术设计注入新鲜血液，从而使环境艺术设计发展的内涵和外延得到不断扩充。对于从事环境艺术设计的设计者们来说，满足不同受众的心理需求和审美需求是职责所在，从传承与创新文化这一层面来说也是一大挑战。"生命在于创造"也许就是最好的选择，要在创造中继往开来，创作出符合大众审美理念的人性化设计。

第二章 环境艺术设计构成

第一节 空间环境的认知

一、空间的概念与性质

《现代汉语词典》对“空间”一词的解释：空间是物质存在的一种客观形式，由长度、宽度、高度表现出来。空间是与实体相对的概念，空间与实体构成虚与实的相对关系。人们生活的环境空间，就是由这种虚实关系所建立起来的空间。空间对宇宙而言是无限的，对具体的环境而言，却是有限的。在无限的空间里，一旦置入物体，空间与物体之间就立即建立了一种视觉上的关系，空间被占据了一部分，无形的空间就有了某种限定，有限、有形的空间也就建立起来了。例如，我们在沙滩上撑起一把遮阳伞，伞下就形成了一个独立空间。尽管四周是敞开的，但是这并不影响人们对独立空间的理解，人们仍然可以感觉到空间场的存在。类似的例子在人们生活中随处可见，如一棵大树，一堵围墙、一方水池，都可以形成一个空间场。

由建筑所构成的空间环境，称为人为空间，而由自然山水等构成的空间环境则称为自然空间。我们主要研究的是人们为了生存、生活而创造的人为空间，建筑是其中的主要实体部分，辅以树木、花草、小品设施等，由此构成了城市、街道、广场、庭院等空间。

建筑构成空间是多层次的。单独的建筑可以形成室内空间，也可以形成室外空间，如广场上的纪念碑、塔等。建筑物与建筑物之间可以形成外部空间，如街道、巷子、广场等，更大的建筑群体则可以形成整个城市空间。

（一）空间的物质性

老子在《道德经》里“埏埴以为器，当其无，有器之用。凿户牖以为室，当其无，有室之用”的论述，一直被中外建筑业内人士奉为经典。通俗的解释，即人们造房屋、筑围墙、盖屋顶，真正实用的却是空的部分；围墙、屋顶为“有”，而真正有价值的却是“无”，即空间；“有”是手段，

“无”才是目的，然而“有”“无”是矛盾的统一体，因此，空间的性质仍然首先体现为它的物质性。

空间的物质性首先体现在空间的构成要有一定的物质基础和技术手段。立墙、盖顶乃至开设门窗，物质和技术手段的运用就是为了形成特定的空间，达到实用、坚固的效果。没有墙、地、顶，也就没有满足人们合理需求的空间，人们用各种方法围合、分隔建筑，其目的也在于制造各种不同的空间，满足人们不同的需要。这是空间物质性的第二层意义，即空间必须满足功能需要，满足人在空间中各种活动所需的条件，包括衣、食、住、行等生活需求以及光照、温度、湿度、通风等环境要求。内容决定形式，不同的功能要求决定人们要使用不同的物质和技术手段。住宅的功能是由人每天的活动规律和行为特点决定的，它由各个大小、形式不同的空间构成一个组合空间，其中包括卧室、客厅、卫生间、厨房等，由此满足家庭生活的基本要求；体育馆、影剧院等建筑是一个大空间与若干小空间的组合；办公室、学校等建筑则是基本相似的一系列空间的组合。但不管采用什么材料、结构和形式，空间的基本目的都是满足功能的需求。当然，物质和技术手段也不应被动地适应，新材料和新技术可以启发新空间形式的出现，以满足更高的功能要求。①

（二）空间的精神性

如同其他艺术形式一样，空间的物质性是设计中首要的和最基本的性质，但它不是唯一的，空间除了满足物质功能需要外，还要满足人精神上的需求。画家用色彩、线条造型，雕塑家用形体造型，他们所要表达的意义远超出造型自身。建筑师和室内设计师同样如此，他们利用空间来表达情感，表现更深层的意义。空间设计与绘画、雕塑的区别在于：绘画虽然表现的是三维对象，用的却是二维语言；雕塑虽然是三维的，但它与人分离，人只能在远处观看；而空间设计除了使用三维语言，还将人置于其中，空间的形态随着人的移动而产生变化，因此有“四维空间”之说。空间可以传达崇高、压抑、稳定等情感氛围。例如，高直的空间给人以崇高的感觉，过于低矮的空间使人感到压抑，金字塔式的空间让人觉得安稳。中国古代建筑的对称空间彰显了“居中为尊”的理念，如北京天坛，而中国古代的园林建筑则恰恰

①文增，王雪.立体构成与环境艺术设计[M].沈阳：辽宁美术出版社，2014.

相反，其追求建筑与自然环境的统一和谐，形成了自由的空间形式和组合。建筑通过空间、形体、色彩、光线、质感等多种元素整体表现精神性，但是空间是主要的，起着决定性的作用，其他的元素只增强或减弱空间的艺术效果。与此同时，空间还可以反映地区、民族文化等特点。

（三）空间的社会性

空间对人类而言不仅具有生物性意义，而且具有重要的社会性价值。人处在高度社会化的环境中，只有依靠相互交流、共同协作，才能得以生存和繁衍。社会化的人既有道德、伦理规范和行为准则，也有共同的理想和精神美的愿望、追求，空间则是上述社会性意义和价值的载体。空间也是人类交流的一种语言，人们按照对空间语言的理解行事，这种语言是由人们共同制定和运用的。如果一个人错误地使用了这种语言，就会被抵触，在生活领域，同样存在着空间语言形成的行为规范准则。例如，在中国传统的民间家庭，晚辈坐在了本属于长者的座位上，必定会受到严厉斥责；在公共场所，陌生人之间有一个安全距离，一旦超越它进入亲密空间，对方将会感到被侵犯；在银行取款处，一根绳索、一条黄线就是在传递次序和空间的信息；当你作为特邀嘉宾参加一个会议，却发现嘉宾座位已被人占据时，同样会感到不愉快。

空间的设计与创造，凡联系到社会性因素和意义时，必然要求完全解读空间语言，以此准确表达信息。无论在范围极小的家庭亲密关系内，还是朋友、同事等较近的社会关系中，或者是更大范围的公众之间的社会关系中，都有与之相适应的空间语言。长幼、身份、性别、部落、职业、宗教、经济条件、政治主张等方面的不同和差异，都有相应的空间表现。空间在社会中扮演着极为重要的角色，其在很大程度上维护着社会秩序和人际的和谐关系，这就是空间的社会性意义。

（四）空间的多元性

对于空间的理解不能仅仅停留在物质性和精神性两个方面，空间还是一个多元的、复杂的综合体，对它的理解涉及哲学、伦理、艺术、科学、民族、地域、经济等各个方面。设计师不仅要研究有形的空间组成要素，如建筑、场地、绿化及技术手段等，还要研究无形的空间组成要素，如社会、道德、伦理、习俗、情感等。空间是交流的媒介，是行为规范的提示，因此，只有真正完全地理解和掌握空间知识，才能有开阔的视野，以满足设计师的职业要求。空间的多元性在空间的设计创造中表现在以下几个方面。

1.空间创造需要科学、哲学、艺术的综合设计

空间建筑的设计必须充分考虑材料、结构、技术以及经济等因素，必须按照科学的规律和自然的法则，确定一个合理的、科学的、经济的最佳方案，这体现了空间设计科学理性的思维方式。空间设计除了满足使用功能外，还应考虑人的活动规律、道德观念、风俗习惯、价值观念和社会行为规范等，按人性空间的要求来设计，这体现了空间设计的哲学范畴。空间是依靠形体来表现内容的，这需要艺术想象力，用建筑材料，通过点、线、面、体的处理，创造有意义的形式，用符合形式美的规律以及符合人的审美特征和情感表现的手段，创造一个直观的、具有艺术魅力的空间形态，这又体现了空间设计的形象思维方式。

2.空间设计施工的过程是多主体的社会行为

与纯艺术制作不同，建筑空间设计时，设计师应先围绕使用对象进行思考。使用对象就是一个社会性的个体集合，个体的差异性使建筑设计具有了复杂的多主体性质。建筑空间设计不是个人行为，从设计方案审批、计划实施，到最后的使用和管理，都需要经过许多人参与合作才能完成。这与纯艺术创作有本质的区别。

3.对空间的理解具有模糊性

空间是以其形态来表达意义和内涵的。不同文化、年龄和性别的人会对同一形体产生不同的认识和理解。简单地说，同一形体可以产生几种或多种认识和理解；反之，同一内容也可以有多种表现形式。这是建筑空间抽象形态表现的特点，也是音乐及其他抽象艺术共同具有的特征。建筑空间形式表达的不是确定的“约束性的”信息，而是凭感觉去感受的“非约束性的”信息，它所表达的信息具有很大的模糊性。正因这一特点，空间艺术才能使人产生更多的想象，才能使观者共同参与到设计和创造之中。

二、空间的基本构成与造型元素

人们认识事物是从表面形态、内在结构、深层含义等几个方面由浅入深地进行的。建筑空间也具有形态、结构和含义三个构成要素，三者紧密

相连。

（一）空间的基本构成

空间作为一种客体存在，从两个方面与人发生交流。一方面，它以物质存在的形状、大小、方位、色彩、光、肌理以及相互间的关系与人发生作用，即空间作为一种信息载体，对人的行为和心理产生作用。另一方面，除了客观要素外，空间还蕴涵着表情、态势和意义，反映设计者个人、群体、地区和时代的精神文化面貌。另外，空间的形式不像绘画和音乐创作那样有较大的任意性，还受自身使用功能和技术的制约，因此，空间的形式反映了建筑科学的水平以及空间结构设计的合理性。空间形态的成分富含感性材料（形状、大小、方位、色彩、光、肌理）、构成形式（结构、布局）以及意义（感情、意境、象征）。形态是空间设计的基础，也是空间设计的焦点，它对空间环境的气氛营造、空间的整体印象起着至关重要的作用。

1. 几何形

几何形几乎主宰了室内空间设计的环境构成。几何形中有两种截然不同的类型——直线形和曲线形。其中曲线形中最规整的形态为圆形，直线形中则为多边形系列。所有形态中，最容易被人记住的为正方形、圆形和三角形，对应到三维概念中，为立方体、球体（圆柱体）、三棱柱等。在实际设计中，各种几何形态可以独立存在，也可以组合生成新形式，如正方形和圆形叠加或旋转都会演化出新的组合形式。

（1）正方形。正方形表现出方正与理性的特点，它的四条边和四个直角显现出规整感以及视觉上的准确性和清晰性。各种矩形都可以看作正方形在长度和宽度上的变体，尽管矩形的清晰性与稳定性可能导致视觉上的单调，但通过改变矩形的大小、比例、质地、色泽、方位和布局方式，可以得到意想不到的效果。在室内空间中，正方形是最为规范的形状，绝大多数常规的空间形态都是以正方形或其变体展现的。

（2）圆形。圆形是一种紧凑而内向的形状，这种内向是对着圆心自行聚焦。它表现了形状的一致性、连续性和构成的严谨性。

圆形在周围环境中通常是稳定的并自成中心的，然而当与其他线形或其他形状相遇时，圆形可能显示出分离的趋势。曲线形可以被看作圆形的片段或组合，无论是有规律的还是无规律的曲线形，都有能力表现形态的柔和、动势的流畅以及自然生长的特质。

(3) 三角形。三角形给人稳定感，因此三角形常在结构体系中得以应用。三角形在形状上具有一定的能动性，这取决于三个边的角度关系。由于三角形的三个角度是可变的，因此其比正方形和长方形更灵活多变。此外，三角形也可以通过组合形成正方形、矩形以及其他多边形。

2. 自然形

自然形表现了自然界中的各种形象和体形，这些形状可以被抽象化，但仍保留自身的特点。

3. 非具象形

非具象形没有模仿特定的物体，也没有参照某个特定的主题。有些非具象形是由程式化演变出来的，诸如书法或符号，具有某种象征性的含义；非具象形是基于它们纯视觉的几何形而形成的。

(二) 空间的造型元素

从抽象层面理解，空间由形态、结构、含义构成；而从物质实体构成层面来看，建筑的实体与空间却是由建筑材料（如石、木、水泥、金属等）构造、围合而成。把建筑的实体与空间分解，我们可以得到点、线、面、体这些空间造型的基本元素。掌握点、线、面、体及其构成规律，对于了解建筑空间设计乃至整个造型艺术具有普遍意义。

1. 点

从纯粹意义上讲，点无长度、宽度和深度，只有位置变化而无大小变化。点是静态的、无方向的，但却有集中的性质。点在空间中没有体形，通常以交点的形式出现，在空间构造上起着形状支点的作用，是若干楼线的汇聚点。在环境艺术设计空间中，我们一般把较小的形体看作点。这样的话，空间中常见的点可以是一盏灯、一个花瓶、大墙面上的一小幅画、大空间里的一件家具，甚至是大广场中的景观喷水池、景观座椅等。当然，墙面的交界处、窗子的转角处、扶手的终端等也可看作点。

尽管这些点相对很小，但在环境艺术设计空间中却能起到以小压大的作用。大教堂中的圣坛与整个空间相比尺度很小，但它却是整个视觉空间的中心。用雕塑、小品、花卉、陈设艺术品等作为点缀，形成空间的视觉中心或平衡构图，是设计师常用的手段。

点本身是静止的，尤其是当点处于构图中时更是如此。但是，当点离开环境背景的中心时，就可能产生紧张感和运动感，在某些位置上这种运动感还会比较强烈。形状与背景具有明显反差或色彩突出的“点”，尤其是动的“点”，会更引人注目。

在建筑空间里不仅有实体的点，还有虚的点。所谓“虚”主要是指心理上的存在，它可能是不可见的，但是人们可以按实体的形所给的暗示或根据关系推理感觉到其存在。这种感觉有时很明显，有时则比较模糊，它表明结构与部分之间的关系。虽然虚的点在实际空间中并不可见，但由于它是可以被感觉到的，有时还比较强烈，所以这些位置往往是比较重要的地方，必须予以重视。

虚的点是指通过视觉感知过程在空间环境中形成的视觉注目点，可以控制人的视线，引起人对空间的关注。它可以是几何形空间的中心或轴线的交点，也可以是线的延伸方向或灯光汇聚之处。这时，“虚的点”往往是与“实的点”重合的，起到加强视觉效果的作用，使其更加引人注目，因此，这部分往往也成为视觉上的重点。

2. 线

点的移动轨迹即成线。线是由点的运动而产生的，所以线的特征在视觉上表现出方向、运动和生长。

在实际空间中，有些线可以给人明确而直接的视觉感受，如踢脚线、地板或地砖拼接形成的缝线；有些线则比较模糊，是抽象理解的结果，如轴线、由点连续而形成的线、面与面相交形成的线等。从概念上讲，线只有长度，而没有宽度和深度，但在实际空间中，它要有一定的粗细才能为人所见。一般认为，线的长度应大大超过它的宽度，通常长度与宽度比例在10：1以上才有线的感觉，否则线的特征就不那么强烈。长线保持着一种连续性，如城市道路、绵延的河流；直线则可以限定空间，具有一定的不确定性。方向感是线的主要特征。

线的体系也颇为庞大，有直线和曲线。直线分为垂直线、水平线和各种角度的斜线；曲线的种类有几何形、有机形与自由形等。线与线相接又会产生更为复杂的线形，如折线是直线的接合，波形线是弧线的延展等。

（1）直线。与曲线相比，直线是较为明确和单纯的。在空间构成方面，直线的造型一般给人规整、简洁的感觉，富有现代气息，但有时过于简单、规整，则会使人感到乏味。当然，同样是直线造型，线自身的比例、材质、色彩等不同也会存在较大差异。在尺度较小的情况下，线可以清楚地表明“面”和“体”的轮廓和表面，这些线可以是在材料之中或之间的结合处，或者是门窗周围的装饰套，或者展现空间中梁、柱的结构网格。粗短的线显得强而有力，细长的线则较为纤弱细致，给人带来明显不同的视觉感受。

垂直线：垂直线可以表现一种竖向的、平衡的状态，或者标示出空间中的位置。一根特定的线，如作为垂直线的柱子，有时可用来限定空间的相对通透性。垂直线一般给人向上、强直、严肃、理智等感觉。

水平线：水平线表现为稳定、静止、舒缓、平和的状态。

（2）曲线。曲线因其在曲度和长度上有所不同而呈现出截然不同的动态。

一般来说，曲线总是显得比直线更富有变化、更丰富、更复杂。特别在充满直线的空间环境中，如果有曲线来打破这种呆板的感觉，会使空间环境更具有亲切感和魅力。即使没有条件创造曲面空间，仅通过曲线家具造型、曲面的墙体划分、曲线的绿化或者水体等，也能不同程度地为空间环境带来相应变化。因此，在设计中曲线的特征会产生强烈的视觉变化，给人们的视觉效果带来冲击力。

直线和曲线同时运用在设计中会产生丰富、变化的效果，具有刚柔并济的感觉。当然，曲线的运用要适可而止，恰到好处，否则会产生杂乱无章之感、矫揉造作之态。如今，我们周围方形空间、直线形体占据了主要部分，往往缺少人情味和线的变化。如果合理地利用曲线来改变或者调节空间的格局和情调会得到很好的效果。即使曲面空间的创造有难度，利用家具、绿化、装饰等来增加曲线变化也可以得到良好的效果。

（3）斜线。斜线给人的感觉是不安定、积极和动势，因此它是视觉上呈现动态的活跃因素。不同线的组合可以创造不同的空间性格。中国古典建筑常用柱（垂直）、梁（水平）结合，以线构成稳定而庄重的空间感受，西方教堂则由柱与穹顶向上向顶集束收拢的线构成一种高耸、向上的神秘空间感。垂直线和水平线的组合容易形成规整、简洁的效果，有机械美的感觉，但过于规整会显得呆板，缺少变化和人情味。

（4）虚线。除实线外，虚线在空间中也较为常见。室内外环境中虚线很多，它是一个想象中的要素，而非实际可视的要素。轴线是一种常见的虚线，它是指在环境布局中控制空间结构的关系线（如几何关系、对位关系等），在环境中对环境布局起到决定性作用，因此在这条线上，各要素可以做相应的安排。

轴线一般包括起点、终点、方向和控制节点，整条轴线是由节点控制的。环境设计中可利用对称性突出轴线，通过两侧的布局关系（如树木、绿地、小品、建筑的对应关系），加上其他景观要素强化轴线的感觉。最为典型的就是广场的南北中轴线，广场上的纪念碑、景观小品等都是强化轴线的重点要素。很显然，轴线可以连接各个景观，同时通过视觉转换，把不同位置上的主观要素连接成一个整体。

小空间的轴线感觉并不强烈，但要素之间有明显的对应关系，通过视觉能感受到这种主线的存在并能引导人的行为和视线，因此轴线往往与人行动的流线相重合。一个空间可能只有一条轴线，也可能是两条甚至几条轴线相互转换，使空间形式自由而富于变化。各空间及实体可以在轴线两旁对称，形成严谨规整的格局；也可不完全对称，只通过轴线确定关系或引导方向。断开的点之间的关系线也是一种虚线。由于它的存在，当人们看到间断排列的点时会有心理上的连续感，形成一种心理上的界限感或区域感。平面图上的列柱就是点的排列，并形成了虚线，给人一种空间有了分隔的感觉。

另外，光线、影线、明暗交界线等也应看作一种特殊意义上的虚线。不同样式以及不同组合方式的线往往还带有一定的地域风格、时代气息或人（设计师或使用者）的性格特征。

3. 面

面是线在二维空间运动或扩展的轨迹，也可以通过扩大点或增加线的宽度来形成。从概念上讲，面只有长度和宽度，而没有深度，还可被看成体积或空间的界面，起到限定体积或空间的作用。因为视知觉艺术范畴的环境艺术设计，是专门处理形式与空间三维问题的综合学科，所以面在设计语言中便成为一个较为关键的要素。面的特征由可以辨认的外边缘轮廓线确定。面由于透视关系会出现变形，因此，只有正面观察的时候，面才具有完整的形状。在建筑空间中，我们最常见的是平面，如地面、墙面和普通楼层的顶面以及一些隔断等。

而在三维空间中有直面和曲面之分。直面在空间中具有延展、平和的特征，而曲面则多表现出流畅、不安、自由、舒展之态。最为常见的面莫过于地面、墙面、顶面等空间界面。顶面可以是屋顶面，也可以是吊顶面；墙面则是视觉上限定空间和围合室内空间的最为重要的要素，当然它可实可虚或虚实相间。甚至可以说，在现代社会中我们见到的物体都是由面构成的。

（1）直面。直面最为常见。一个相对单独的直面可能会给人呆板、平淡的感觉，但经过有效地组织也会产生富有变化的生动效果。折面就是直面组织后的形象反映，如楼梯、室外台阶等。

（2）斜面。斜面可为规整的空间形态带来变化。如一些民房的斜屋顶就比方形空间更生动。在视线以下的斜面（如斜坡道、滑坡等），因其具有一定的动势，往往具有功能上的引导作用，使空间富有流动性。

（3）曲面。随着科技的不断发展，现代设计中曲面形式的运用也并不鲜见。与直面相比，曲面限定性更强，更富有弹性和活力，为空间带来流动性和明显的方向感。曲面内侧的区域感较为清晰，并使人产生较强的私密感，而曲面外侧对空间和视线产生导向性。在一些室内外环境设计中，采用曲面造型似乎已成为引人注目的常见手段。自然环境中起伏变化的土丘、植被等地貌也是曲面特征的具体体现。自由曲面构成的空间更具有曲面的特点。

（4）虚面。除了实体的面外，还常有一些虚面。虚面常有以下几种情况：一种是由密集的点或线形成的面，如珠帘、竹帘、百叶隔断以及半透明的材料（如磨砂玻璃、纱窗等），光线和视线可以部分通过，但是足以使人感受到分隔的空间，感觉到虚面的存在。这种被虚面分开的空间既相互分隔又相互渗透，造成既有分又有合的效果。另一种是指间隔的线或面之间形成的虚面感觉，例如，一排并列的柱子可以形成面的感觉，它能把空间分隔成不同区域，同样也可以形成虚面，把多个空间分隔开来。各种形式的门和洞口也可以看作面的延伸而分隔空间。例如，一些办公空间经常使用的百叶窗帘，尽管光与视线可以部分穿透，空间也可以流动，但分隔感已相当明确，对人的行为有了较大的限定作用。可见，由虚面划分的空间，既具有局部的连续感又相互渗透，即既分又合，隔而不断。

还有一种虚面，在视觉上并不十分明显，但对我们剖析问题颇有益处。此种虚面是指间断的线或面之间形成的面的感觉，这种感觉也可以由延伸面来获得。街道两旁的路灯杆或室内空间的列柱，都会给人面的感觉，并将空间分隔成虚的区域。一些传统建筑如教堂、宫殿等，由于空间很大又常受到结构、材料等条件的限制，因此柱身粗壮而间距较小。有些教堂的室内空间，由于密柱成排形成虚面，常被分为中央主空间和两侧的附属空间，使得轴线感和领域感得到加强。面的色彩和质感将影响到它在视觉上的重量感和稳定感，而由面形成的各种家具、颜色和材质发生变化也会产生不同的视觉效果。

4. 体

体是通过面的平移或线的旋转而形成的三维实体。体不是仅靠一个角度的外轮廓线就能表现的，它是从角度观察的不同视觉印象叠加而获得的综合感觉。从概念上讲，体有三个量度：长度、宽度和深度。

对体的理解必须考虑时间的因素，否则是不完整的。

形式是体的基本可视特征，它是由面的形状和面之间的相互关系所决定的，这些面暗示着体的界限。

体既可以是实体，由其占据空间，也可以是虚体，即由面围合的空间。实体和虚体代表着环境艺术设计中的存在形式及相互关系。体形能给空间以尺寸、大小、尺度关系、颜色和质地，而空间也映衬着各种体形，这种体形与空间之间的共生关系则反映在空间设计中的比例、尺度层面。

体既可以是有规则的几何形体，也可以是不规则的自由形体。在空间环境中，体一般由较为规则的几何形体以及形体的组合构成。体的构成物要以空间环境的尺度大小而定，室内空间主要通过结构构件、家具、墙面凸出部分等体现；室外空间通过地势的变化、雕塑、水体、树木及建筑小品等体现。

如果没有一定的空间限定，上述环境要素就可能变成线或点的感觉；如果存在空间的限定，并且上述环境要素占据了相当的空间，那么体的特征也就相当明显和突兀了。曼哈顿港自由女神像的体量不算小，但在曼哈顿港的对岸就只是一个点。

体通常与量、块等概念相联系。体的重量感与其造型的各部分之间的比例、尺度、材质甚至色彩均存在一定关系。例如同样是柱子，表面贴石材与表面包镜面不锈钢，体量会大不相同。同时，体表面的某些装饰处理也会使视觉效果得到一定程度的改变。例如在柱表面作竖向划分，其视觉效果就会显得轻盈纤细。

体也有许多排列组合方式，基本上与点相似，如对称、成组、堆积等，因此，在特定空间的环境艺术设计中，也可将体理解为放大了的点。有时一个体或多个体的组合，将其某一个面作为视觉观察的主要面，此时体也可作为面来看待。

实际上，在环境艺术设计中，体往往与线、面结合在一起造型，但一般仍把这一综合性的体要素当作个体。从心理与视觉效果来看，体的分量足以压倒线、面成为主角。有些体也并非实体，如椅子、透雕等，尽管存在一定的虚空成分，但大多数以体的特征存在于不同的环境之中。

另外，诸如形状、尺寸、方位、采光、质感及色彩等要素都会影响实体形态的创造，反映出体的视觉属性。一般来说，尺度大、表面粗糙、色彩深的体给人的感觉比较重。如宾馆大堂里的柱子，用粗糙的石片贴面，感觉比较厚重；而用不锈钢包合的，相对显得轻巧，不易产生过大的体量感；用花岗石贴面则比较折中。又如哥特式教堂里的柱子，其本身巨大的体形，给人以重量感，但是经过其表面的非直划分及线脚与柱身的比例关系处理，并不会使人感到笨重。

虚体可以说是一种特殊类型的空间，这是循着虚点、虚线、虚面分析的结果。该种空间有体的感觉，具有一定的边界和限定，只是内部是虚空的。室内空间实际上就属于这一范畴。相反，一个孤立的实体，它周围有支配的空间范围，这是由“力场”形成的领域，由此形成发散的无边界的空间，这样的空间若没有更大界面的围合，就不能看作虚体。实体和虚体的对立与统一，就代表着室内外空间的典型特征。只不过要结合实际情况，考虑其具体的尺寸、尺度、颜色和质地等因素，以达到形体与空间的有机共生。

虚体的边界既可以是实面，也可以是虚面。两面平行的墙面之间可形成三个虚面（两侧面、一顶面），凹角的墙也可形成两个虚面（一侧面、一顶面），四根立柱围合可以形成五个虚面（四侧面、一顶面）。

第二节 空间形态的构成

进入我们视野的通常是形形色色的要素，如不同的形态、尺寸、色彩、材质等，这些要素既有实体，也有虚体。环境空间这一大的虚体就是人运用实体要素限定出来的。实体要素构成了空间界面，为空间限定出形状。实体要素之间的关系、尺度、比例等会影响空间的尺度、比例及基本形态。实体要素还决定了空间的性格和氛围，因此，空间的形态与实体要素是分不开的，同时，空间的相互关系及限定方式更与实体要素密切相关。显然，实体要素的数量、造型、尺寸、色彩、材质、方位等都直接影响着空间的整体效果。即便是最简单的方盒子空间，实体要素的数量不同，都会形成不同的空间效果，给人以不同的空间感觉。即使是极为简化抽象的空间，也会存在许多可变因素，如形式、材质、色彩。如果再将比例、尺度等进行改变，空间就会产生更多的变化。

一、静态实体构成

（一）构成空间形态的垂直要素

一般来说，垂直的形体在视觉范围内通常比水平更活跃，更引人注意，因此它成为限定空间体积以及给人们提供强烈围合感的关键要素。无论是室内空间还是室外环境，垂直要素都起着不可忽视的重要作用。

垂直要素不仅可以起到承重作用，还可以控制室内外空间环境之间的视觉及空间的连续性，同时还有助于约束室内外空间的采光、声音和气流等。

1.垂直的线要素

一根独立的柱子是没有方向性的，但两根柱子就可以限定一个面。柱子本身可以依附于墙面，以强化墙体的存在，也可以强化空间的转角部位，弱化墙面相交的感觉。柱子在空间中独立，可以限定各局部空间地带。当柱子位于空间的中心位置时，将成为空间的中心，并且在自身和周围垂直界面之间划定相等的空间地带；当柱子偏离中心位置时，将会划定不等的空间地带，其形式、尺寸及位置都会有所不同。

两根柱子限定出一个虚面，三根或更多的柱子限定出空间体积的角，该空间界限保持着更大范围内的自由联系。有时，空间体积的边缘可以通过明确基面和在柱间设立装饰梁或构建顶面的方法来确立上部的界限，从而使空间体积的边缘在视觉上得到加强。此种手法在室内外环境设计中屡见不鲜。

垂直的线要素还可以终结一条轴线，或形成一个空间的中心点，或为沿其边缘的空间提供一个视觉焦点，成为一个象征性的视觉要素。一排列柱或一个柱廊，既可以限定空间体积的边缘，又可以使空间及其周围具有视觉美感和空间的连续性。它们也可以依附于墙面形成壁柱，展现其表面形式、韵律及比例。大空间的柱网（交通要素除外）还可以建立一种相对固定的、中性的空间领域，此时，内部空间可以进行自由分隔。

2. 垂直的面要素

垂直面若单独直立在空间内，其视觉特点与独立的柱子截然不同，可将其作为无限大或无限长的面的局部，成为穿越和分隔空间体积的一个片段。

一个面的两个表面可以完全不同。这两个表面面对的是两个不同的空间，它们在样式、色彩和质感方面不同，以适应不同的空间。最为常见的是室内空间的固定屏风或影壁，既起到空间的过渡作用，又具有一定的视觉观赏特征。

一个单独的面并不能完成限定它所处空间的任务，只能形成空间的一个边缘，或者划分相对的领域。为了限定一个空间，一个面必须与其他的形态要素相互作用。

一个面的高度影响到面从视觉上表现空间的能力。面的高矮会对空间领域的围合感起到相当重要的作用，同时面的形成要素、材质、色彩、图案等也将影响人们的感知。实面和虚面会形成不同的视觉感受，同样，平面和曲面也会带来不同的视觉形态。

垂直的面不只是独立的，还会有其他一些形式，如“L”形垂直面、平行垂直面、“U”形垂直面。“L”形垂直面会形成夹角，易产生较为强烈的区域感。平行垂直面所限定的空间范围会带来强烈的方向感和外向性，有时通过对基面的处理或增加顶部要素，可以使空间的界定得到强化。但如果两个平行垂直面限定的空间在形式、色彩或质感方面有所变化，那么就可能产生空间的视觉趣味。“U”形垂直面开敞的一端是该形式的基本特征，因为相对于其他三个面而言，它具有独特的有利方位，允许该范围与相邻空间保持视觉上的连续性。如果基面延伸形成开放端，会在视觉上加强此空间范围进入相邻空间的感觉。因此，利用“U”形垂直面去围合空间的方法司空见惯。沙发围合的“U”形区域也可以理解为低矮垂直要素的典型实例。另外，室内空间的“U”形围合也可以存在尺度上的变化，常以凹入空间或墙体的壁龛作为具体体现。

（二）构成空间形态的水平要素

无论是室内空间还是室外空间，水平要素多以点、线、面的形式来体现。根据空间尺度的变化，在水平要素中，点、面的概念是相对的，有时是可以相互转化的。

1.基面

在环境艺术设计中，为了使水平面作为一个图形，表面必须通过色彩或质地等赋予其可以被感知的变化。这样，水平面的界限就会更清晰，它所界定的范围就会表现得更明确，界限内的空间领域感就更强烈。因此，环境设计中常常以对基面的明确表达来划定出虚拟的空间领域，并赋予其一定的风格要求。

基面局部抬高的手法已司空见惯。该手法将在大空间范围内限定出一个新的空间领域，局部领域内的视觉感受将随着抬高面的高度变化而变化。赋予抬高面的边缘造型、材质、纹样或色彩，会产生特定的性格和特色。抬高的空间领域与周围环境的空间和视觉连续程度，主要依赖抬高面的尺度和高度变化。抬高面所限定的领域如果居于空间的中心位置或轴线上时，则会在视觉方面形成焦点，引人注目。手法虽常见，但关键是如何用此手法赋予空间新的视觉形象和风格特色，这正是我们应努力追求的目标。

相对于基面局部抬高，基面局部下沉可明确范围。与基面抬高的情况不同，基面下沉不是依靠心理暗示形成的，而是依靠明确可见的边缘形成这个空间领域的墙。实际上基面下沉与基面抬高也是“形”与“底”的相互转换关系，如果基面下沉的位置沿着空间的周边地带，那么中间地带也就成为相对的“基面抬高”。基面下沉的范围和周围地带之间的空间连续程度，取决于下沉深度的变化。增加下沉部分的深度，可以弱化该空间领域与周围空间之间的视觉联系，并加强其作为一个不同空间体积的明确性。一旦下沉到原来的基面高出人们的视平面时，下沉范围就让人产生“房间”的感觉了。

综上所述，我们可以这样理解：踏上一个抬高的基面，可以表现该空间领域的外向性或中心感；而在低于周围环境的特定空间领域内，则暗示着空间的内向性或私密感。

2. 顶面

一个顶面可以限定其自身和地面之间的空间范围，该范围的外边缘是由顶面的外边缘所界定的，因此空间的形式由顶面的形状、尺寸以及距离地面的高度所决定。室内空间的顶棚面可以反映支撑的结构体系，也可以与结构分离开，形成空间中视觉上的积极因素。

如同基面一样，顶面也可以运用多种手法划分空间中的各个局部空间地带，通过下降或升起改变其空间尺度。当然，顶面也可以演变成相互间隔的特殊造型，以强化空间的风格要求和视觉趣味。室外空间环境艺术设计中常用的木质、混凝土或者金属制作的“藤架”“回廊”等，都运用了这种表现手法，甚至可以使顶面与垂直界面自然连成一个整体，营造出一种奇特的效果。实际上，顶面的形式、色彩、材质以及图案的变化，都会影响室内空间的视觉效果。

二、动态虚拟构成

（一）空间形态的时空转换

在环境艺术设计中，时间和空间的统一连续体是通过空间与人的相互交融来实现其全部设计意义的。物质的形态和实物之间相互作用的形态是物质存在的两种基本形态。实物之间的相互作用就是依赖虚拟的场实现。环境艺术设计中空间无与有的关系，同样可以理解为场与实物的关系，因此，空间形态的时空转换成为空间形态动态构成模式的关键。

所谓环境艺术设计是时空连续的四维表现艺术，主要在于它的时间和空间的不可分割性。虽然在客观上空间限定是环境艺术设计的基础要素，但如果不以人的主观感受为主导序列要素，环境艺术设计就不可能存在。空间界面的效果是人在空间的流动中形成的不同视觉感受，人在时间序列中不断地感受到空间实体与空间虚形在造型、色彩、材质、样式、比例、尺度等多方面的刺激，从而产生不同的空间体验。

人在环境空间中不仅与空间变化的实体要素发生关系，同时还与时间要素发生关系，人不仅在静止时能够获得良好的心理感受，而且在运动的状态下也能得到理想的整体印象。

如果说感觉和知觉是人接收空间信息的基本途径，那么时间与运动就是人对空间环境感知的基本方式。正是人的行动赋予时间完全的实在性，人的行动速度直接影响着空间体验。人在同一空间中以不同的速度行进，会产生完全不同的空间感受，因而会有不同的环境审美感觉，因此，在环境艺术设计中，关注和研究人的行进速度与空间感受之间的关系尤为重要。这与特定空间环境密切相关，会对环境的空间布局、空间节奏等产生很大的影响。现代环境艺术设计的使用者对所处环境的要求越来越高，人们的兴趣和审美日趋多元化，必然会带来空间环境功能的多元化，也会使更加多元的艺术处理手法和表现形式被设计者挖掘、发现和使用。

（二）空间形态的动与静

空间环境的构成形态不仅仅局限于空间的结构形态（如空间的形状、方向、组合等），还包括空间的其他造型要素、空间的动线组织等。这些空间形态要素组合起来，有动有静，从而使环境空间充满生机。

动与静是相对的，是对空间组织和使用功能的特定要求，不同的空间对动与静的要求也不同。如阅览室、书店以静为主，展览馆、购物中心则要求动静结合。空间形态的动与静应从以下几个方面考虑。

1.方向

空间的方向是所有空间形态的关系要素之一，它与空间的形状、尺度等息息相关。不同方向的空间具有各自不同的性格。也可以说，空间的方向在很大程度上决定着空间的性格。

除了一些无方向性的带有“中性”特征的正几何空间，会给人稳定的和安静的心理感受外，大多数空间都带有一定的方向性。水平方向和垂直方向的空间会给人以不同方向的动感，而斜向空间方向性更强，易使人产生心理上的不稳定感。设计时应动静结合，通过动态要素、静态要素的合理组织，既满足功能上的要求，又给人带来心理上的平衡感。

2.动线

空间的动线可以理解为人流的路线，它是影响空间形态的关键要素。在空间中对动线的要求包含两个方面：一是视觉心理方面；二是功能使用方面。动线的组织决定着人在空间环境中的流动次序，这会影响人们的视觉心理。同样，根据人的行为特征，环境空间基本体现为动与静两种形态，具体到某一特定的空间，动与静的形态又转化为交通面积与使用面积。反映在空间环境的平面划分上，动线所占的特定空间就是交通面积，而人以站、坐、卧的行为停留在以静为主的功能空间。这种空间动与静位置的划分称为功能分区，是构成空间形态的基础。

总之，空间的动线左右着空间的整体组织和使用功能，影响着空间的动静划分和区域分布。

3.构图

空间组织的形式也是决定空间动与静的重要因素。空间之间的并列、穿插、围合、通透等手法都会使人产生动与静的感受。

与非对称的布局相比较，对称的布局明显带有宁静感、稳定感和庄重感；而非对称布局显现出来的则是灵活、轻松的动态效果，蕴藏着勃勃生机。

4.光影

空间环境的光影变化也会产生一定的动态效应。自然光的移动与人工照明的特殊动感会强化空间形态中动的因素，同时营造出丰富的空间层次。

5.构件与设施

有些建筑的大型构件会带有较强的动态特征，强化空间形态的动态效果，一些设施（如自动扶梯、观光电梯等）更是影响动与静的形态要素。这时，空间形象的运动和变化结合人流的路线，与静态要素交织在一起，共同构成特定空间的主旋律。

6.水体与绿化

水体与绿化是环境艺术设计中不可忽视的构成要素，它们以不同的表现形态展现着自身的独特魅力。点、线、面、体等各种基本形态要素都有可能通过水体与绿化得到充分体现。水体与绿化蕴涵生命活力，相对于空间环境整体而言，是一种较为含蓄的动静结合体。

第三节 空间景观的素材

一、形式美法则

环境艺术设计有三个关联的功能有助于环境的形成。首先是丰富环境的主题，突出环境的特征；其次是提升环境物质的、精神的和社会的品质；最后是增强环境的可识别性。衡量环境艺术的特点是其视觉效果，诸如视觉秩序的统一、变化、均衡、对称的规律和节奏之间的关系。环境艺术设计是创造愉悦的视觉活动，追求欢愉视觉形象的过程。

（一）统一与变化

环境艺术设计并不是单纯地设计外观，也不是简单地罗列使用功能，而是把环境中所需要的基本元素和复杂的功能结合在一起，使平面、立面和功能、视觉效果统一起来。

1.平面的统一与变化

基本的平面统一为平面形状的统一。任何简单的、容易认识的几何形状都具有统一感。三角形、正方形、圆形等单体都是统一的整体，属于这个平面内的景观元素，无论是植物、装置、设施还是构筑物，都会被具有控制能力的几何平面统一在其中。

平面设计必须考虑空间的使用功能，合理的功能空间是各方面统一的前提，包括同一空间内功能的统一和功能表面的统一。同一空间内功能的统一就是在空间组织内将设施及场地集中在一起，如商业步行街就是将同类型的商铺放在一起，形成花店一条街、餐饮一条街、电器一条街等。同一空间内功能表面的统一是指不同的使用功能需要与环境景观的外观统一。上海豫园属于江南园林，但与苏州、无锡等地的园林有所不同。豫园的特点是分隔布局，采用隔墙将整个园区隔成五个景区，让人觉得可供游玩之处众多。另外，豫园为了让人不会因看到围墙而产生封闭感，特意将围墙做成龙墙，形态丰富，不仅消除了被围之感，而且墙也成了园中一景。每个客观环境都存在支撑的精神因素。环境的性格常常是由环境中设施的功能决定的。很明显，设计师不能把娱乐公园设计得像庄重的教堂那样，也不能把住宅设计得带有剧院或工业建筑的气质。因此，同一空间内功能表面的统一，要求设计师除了具有在环境客观中表现情绪特点的能力，还必须对空间类型具有某种情绪上的共识。

2. 风格的统一与变化

环境艺术设计的难点在于如何将不同的景观元素和设施组织起来呈现出协调统一的效果。在设计中，对景观元素和设施采用同一几何形状也很难完全达到协调的目的，尽管如此，设计时还需要强调统一。

利用次要部位与主要部位的从属关系，以从属关系求统一。其一，利用向心的平面布局以及能够衬托主体的景观元素来组成环境，这些因素能够把人的视线凝聚在主体上，突出主体的地位。特别是在纪念性的和庄重的环境中，可通过强调主体极端重要的地位，来加强其统一感和权威感。其二，通过表现形式的内在趣味性使外观取得控制地位。例如，高的比矮的更容易吸引视线，弯的比直的更引人注目，暗示运动的要素（如过道、大门、台阶和楼梯等）比处于静止的要素更富有趣味性。突出建筑主体的支配地位是城市环境景观达到统一的重要原则。[①]

通过将景观中不同元素的细部和形状协调一致，来体现环境整体的统一性。许多环境景观布置得杂乱无章，就是因为缺乏统一的控制要素。例如，形状大体上与主体相同（或相似）而尺寸较小的景观元素，在环境中作为附属元素，能够使景观完整统一。在某些建筑物中，如意大利庞贝的露天剧场，那里每一件物品都从属于总体的一般形状，所有较小的部位均从属于某些较重要的或占支配地位的部位。另外，也可运用形状的协调来统一。假如一个环境中很多元素采用同一种几何形状或符号，如圆形在地面、装置、设施等造型中出现，它们之间将会呈现出一种完美的协调关系，使环境产生统一感。此外，形状和尺寸的协调可以贯彻到环境的各个层面中，形成环境的整体性，使人产生更强烈的统一感。

3. 色彩和材料的统一与变化

与用形状的协调来统一紧密相关的是用色彩来统一。环境艺术在这方面具有得天独厚的条件，因为正确选择植被和表面装饰材料即可获得主导色彩，而且这常常是统一和协调的唯一方法。表面装饰材料的色彩对比，也能

①刘利亚.景观规划与设计[M].武汉：华中科技大学出版社，2018.

产生一种戏剧性的统一效果。但要有个前提，对比是重点点缀，而不能让对比色彩或材料在趣味上产生矛盾。

（二）均衡与对称

在视觉艺术中，均衡是任何观赏对象都存在的特性。眼睛在浏览事物的时候是从一边向另一边看去，当两边的吸引力相当的时候，观者的注意力就无法固定于一边，最后停留在中间的一个点上，这就是均衡的结果。均衡会带来审美方面的满足，即使在最简单的构图中，均衡也十分重要。环境越复杂，越需要明确强调均衡中心。

对称是最简单的一类均衡。无论是昆虫、飞鸟、哺乳类动物，还是飞机、轮船，都会使定向运动的身体呈现出对称的形式。环境景观中的对称意味着明确的轴线和对称的结构，轴线两旁的物体是完全一样的，只要把均衡的中心以某种微妙的手法加以强调，就会立刻给人一种庄严、安定的均衡感，所以严肃的和纪念性的环境往往会采用对称的设计手法。

（三）韵律与节奏

在视觉艺术中，韵律是物体或元素重复的一种现象，而这些元素之间具有一定的相关性。

在环境艺术中，韵律同样是由元素重复组成的，如光影、色彩、图案、结构、造型、材料、空间等，还有室外景观中的设施、植物等，室内环境中的柱、门、窗等。环境景观的大部分效果就是靠这些韵律关系的协调产生的。

1.韵律的形式

在视觉艺术中，韵律主要呈现四种基本的表现形式：①造型的重复，即相同的元素重复出现，形成一定的韵律，如相同的图案等。在环境艺术当中，体现为灯、柱、墙等的重复。即使间距有所改变，也不会破坏整体的韵律感。②尺寸的重复，即元素之间可以变化大小或形状，而尺寸相同，这时韵律依然存在。③渐变的韵律，以不同的重复为基础，按一定的规律进行变化，形成简单的关系，我们也可以把这种韵律叫作渐变的韵律。这种韵律相对于前两种较为复杂，如一组彼此平行的线条，它们之间的距离有规律地发生变化，逐渐增大或缩小，这就势必形成一种不等同的渐变韵律。假如线条的长度也发生了变化，由长逐渐变短或由短逐渐变长，或长短交替变化，这就会形成另一种特殊的韵律效果，而且蕴含着有力的运动感。④多变的韵律，现代视觉艺术如同现代音乐一样，其韵律的概念是多变的，既有最鲜明、最规则的韵律，又有最自由、最自然的韵律。正如音乐一样，有韵律形式复杂而明确的爵士音乐，也有在作品中不标出任何节拍的萨蒂音乐。在环境艺术设计上，韵律的多变既反映在弗兰克·劳埃德·赖特作品明确的韵律里，也反映在勒·柯布西耶某些作品捉摸不定的韵律里。

在环境艺术设计领域，空间和环境的复杂性、多变性为体现多变的韵律创造了条件，特别是那些结合自然环境和人文历史进行的环境艺术景观设计。但是，环境艺术中的韵律并不仅仅是某种元素重复排列那么简单。在空间环境当中，人们更多的是以动态的方式来感受环境艺术。各种韵律自然地组织和交错在一起，就会形成一种复杂韵律。这正是环境艺术不同于其他视觉艺术给我们带来的奇妙感受，而这个韵律感受的特性，会在很大程度上影响着人们对环境艺术的最终评价。

2.韵律对环境的影响

（1）韵律体现节奏。环境艺术设计中的韵律如同舞蹈中的韵律，当我们置身其中的时候，同样可以感受到如同翩翩起舞一样所获得的愉快心境。例如，高迪设计的米拉之家，外观上连续的弯曲造型就像海浪起伏，具有音乐的动感。

（2）韵律体现庄重。很多具有宗教意义的建筑都有严格的韵律关系，大到建筑规划、小到环境设施和建筑细部，很多元素都以韵律形式构成宏大而庄重的整体。如北京天坛，严格对称的布局、设计元素的重复和渐变营造强化了雄伟庄重的气氛，体现了祭祀活动的节奏和过程。同样，一座大教堂从入口到圣坛，一根接一根的柱子、拱券、穹顶都表现着庄严的韵律，就像一个接一个的风琴音调，从它们相互之间的韵律关系中让人受到启发。

（3）韵律体现方向性。环境艺术设计中的韵律是不同元素组合的效果，通过运用间隔和排列组合强调方向。它是通过构图元素之间的连接而产生的动感。一根独处的柱子仅仅是平面上的一个点，但是两根柱子立刻就会形成一个间距、一个韵律，若借助更多柱子形成的关系模数，则更有助于立体全面地观赏建筑。

因此，当设计师想要把他所设计的环境艺术发展成一个系统的有机体时，韵律就是重要的手法之一，韵律关系直接而自然地产生结构与功能的需要，仿佛由创作灵感所支配的音乐曲谱那样，是视觉艺术的主要因素。

二、空间类型

（一）从使用功能上分类

1.公共空间（共享空间）

顾名思义，公共空间属于社会成员共有的空间，是为满足社会频繁交往和多样生活的需求而产生和存在的，无论是室外的（如城市广场、花园、商业街等），还是室内的（如机场、车站、影剧院等），均是如此。当今较流行的建筑大楼里的“共享空间”就是比较典型的公共空间，公共空间往往是人群集中的地方，是公共活动中心或交通枢纽，由多种多样的空间要素和设施构成，是综合性、多功能的灵活空间。公共空间小中有大、大中有小，外中有内、内中有外，相互穿插交错，极具流动性。公共空间的设计要尽量满足人参与娱乐、交流以及亲近自然的心理需求。如“共享空间”常把山水、植物、花卉等具有室外特征的景物引到室内，打破了室内外的界限。同时，人群流动空间和滞留空间、活动区域和休憩区域等的划分和设计也要充分考虑不同人群的共性和个性，使空间真正富有生命力和人性气息。

2.私密空间

人除了有社会交往的基本需求外，也有保证个人私密性的要求。私密空间就是充分保证其中的个人或小团体活动不被外界注意和观察到的一种空间形式。住宅就是典型的私密空间，除此之外还有办公室等。私密空间也有不同程度的区分，同在住宅空间里，卧室、书房的私密程度就要稍高，而客厅则是家庭成员的公共空间。因此，对于公共空间与私密空间的认识也必须做具体分析，不可一概而论。

公共空间里，有时也要有一定的私密区域，譬如餐厅、影剧院里也常有包房（包厢）等较私密的空间，以满足不同人的需要。

3.半公共空间

半公共空间是介于公共空间和私密空间之间的一种过渡性空间，它既不像公共空间那样开放，也不像私密空间那样独立，如楼道、电梯间和办公楼的休息厅等。半公共空间多属于某一范围内的人群，因此，其设计需要一定的针对性。如办公楼休息厅的设计可以考虑使用者的专业性质和文化因素等，以满足其使用要求。

4. 专有空间

专有空间是指为某一特殊人群服务或者提供某一类行为的建筑空间，如幼儿园、敬老院、少年宫以及医院的手术室、学校的计算机室等。由于专有空间是为某一特定人群服务的，它既非完全公开的公共空间，也不是供私人使用的私密空间，设计时需要考虑特定人群的特性。如敬老院主要是为老人服务的，老人行动和心理上的特殊性都是进行空间设计和布置的依据。幼儿园的设计往往在建筑高度、材料使用、色彩选择上有一定要求。

（二）从空间界面的形态上分类

空间是由多个界面围合而成的。空间的界面可以是实面，也可以是虚面，以制造出不同开敞程度的空间形态，从而满足功能的需要。

1. 封闭空间

封闭空间多用限定性较强的材料来对空间的界面进行围护，割断了与周围环境的流动和渗透，以此形成的空间无论是在视觉、听觉，还是室内小气候都具有比较强的封闭性质。封闭空间的特点是内向、收敛和向心的，有很强的区域性、安全性和私密性。空间的封闭程度主要视私密程度的要求而定，私密程度要求较高的空间（如卧室）不宜有过多过大的门窗，以保证足够的安全性和私密性。但过于封闭的空间往往给人以单调、沉闷的感觉，所以私密程度要求不是特别高的空间可以适当地降低封闭性，增加与周围环境的联系和渗透，如住宅里的餐厅等。

2. 开敞空间

相对封闭空间而言，开敞空间界面围护的限定性很小，常常采用虚面的方式来构成空间。开敞空间流动性大、限制性小，与周围空间无论在视觉上还是听觉上都有较紧密的联系。开敞空间是外向、向外扩展的。相对而言，人在开敞空间里会比较轻松、活跃、开朗。同样面积大小的空间，开敞空间会比封闭空间感觉大些。开敞空间讲究的是与周围空间的交流，所以常常采用对景、借景等手法处理，并做到生动有趣。开敞空间也往往用于室内空间向室外空间的过渡，以调整室内外空间的反差。开敞空间又有外开敞式和内开敞式之分。

（1）外开敞式空间。外开敞式空间的特点是作为围合侧界面的一面或者几面开敞，顶面有时也可以用玻璃顶形成顶面开敞，这样的空间向外的渗透性很强，内外连成一片。一些周围环境比较好或功能要求较开放的空间就适合采取这种外开敞形式。

（2）内开敞式空间。内开敞式空间的特点是将空间的内部抽空形成内庭院，然后使内庭院的空间与周围的空间相互渗透。现在许多高级酒店都采用这种内庭院的方式。这种空间往往把室外的景致引进庭院，满足人向往自然、亲近自然的心理特点。由于庭院常用玻璃覆盖顶部，对于周围的内部空间来说，它是室外的空间。内开敞式空间不但可以改变大型建筑比较封闭的问题，而且庭院与周围的空间相互贯通和渗透，加之庭院里的山水绿化等，使人感到生动活泼，具有较强的自然氛围。

3. 中界空间

中界空间主要是指介于封闭空间和开敞空间之间的一种过渡形态。它既不像封闭空间那么具有明确的界定和范围，又不像开敞空间那样完全没有界定，呈开放状态。中界空间的例子也比较常见，如建筑入口处的雨篷或一些建筑的外走廊等。

（三）从对空间的心理感受上分类

不同的空间状态会给人不同的心理感受，有的给人平和、安静的感觉，有的给人流畅、运动的感觉。不同的功能要求和空间性质需要提供与之相适应的空间感受。

1. 动态空间

动态空间是指利用建筑中的一些元素或者造型等给人们呈现出视觉或听觉上的运动感，以此产生活力。

动态的创造一般有两种类型：①运动元素形成的动态空间。这类元素比较容易理解，如瀑布、小溪、喷泉、电梯、变化的灯光等，都可以创造很强的动感。音乐经常可以调动人的情绪和心理，因此，在空间里配上音乐，随着节奏和时间也能创造动感。在组织空间时，合理地设计人流的运动方向，用人流的穿梭形成有秩序的运动，这种方式在商场、展览馆这类空间非常有效。合理利用这些运动元素来创造动感是空间设计中常用的手段。②静止物体形成的动态空间。这类空间主要是调动和利用人的视觉、心理来形成动感，用空间中的点、线、面、体的视觉感受规律来进行组织和设计。线具有较强的方向性，面和体都可以形成变化，形成方向，引起动感。譬如，在剧院里，人们常常利用许多集束的线条从顶棚上向舞台延伸，人的视线随线延伸而产生运动感。还有一种比较含蓄的手法，即用引导和暗示来创造动态。例如，用楼梯、门窗等来暗示，提醒人们后面还有空间，或者利用匾额、楹联等启发人们对于历史、典故的动态联想。

2.静态空间

人们除了要求在空间中的运动感，强调空间的生机和活力外，也时常要求有平静和祥和的空间环境。静与动是相辅相成的关系，没有静也无所谓动，没有动也不存在静。静与动不同的空间态势可以满足不同的人在不同时间的不同心理要求。静态空间设计除了要减少空间里的运动元素（如过高、过强声音运动的物体和人的过多活动等）外，还需要在以下方面着重考虑：①静态空间围合面的限定性较强，减少与周围空间的联系，趋于封闭型。②空间形态的设计多采用向心式、离心式或对称形式，以保持静态的平衡。③空间的色彩尽可能淡雅和谐、光线柔和、装饰简洁。④空间中点、线、面的处理要尽可能规则，如水平线、垂直线等，避免出现过多不规则的斜线、自由线，以免破坏空间的平静和稳定。

3.流动空间

流动空间是在三维空间的基础上再加上时间所构成的四维空间，也就是把多个空间联系起来，互相贯通、互相融合。人的视点不是固定的，随着人的移动而产生视觉透视的变化，由此形成不同的视觉感受和心理感受。流动空间强调把空间看成积极的活动因素，而不是静止不动的消极因素；强调空间之间流动性的融合，追求连续的空间运动组合，而不是简单、静止的空间体量的组合，因此，空间在垂直和水平方向上均采用象征性的分隔，用围合、分隔等多种手段创造连续、流动的空间层次，以保证空间之间的连续和交融。视线和交通尽量保持通畅，减少阻碍，空间的布置应灵活多变。流动空间要求把人的主观和空间的客观等积极因素都调动起来。

（四）从空间的确定性上分类

对空间的界定或限定有时并不一致，有些比较明确，有些则比较模糊。由于空间的界面确定程度不同，也就形成了不同的类型。

1. 实体空间

实体空间主要是指范围明确，界面清晰肯定，具有较强领域感的空间。实体空间的围合面多由实体材料构成，一般不具有透光性，所以有较强的封闭性，往往和封闭空间相联系，可以保证有一定的私密性和安全感。

2. 虚拟空间

虚拟空间是与实体空间相对应的一种空间形式，它更多的是调动人的心理，用象征性的、暗示的、概念的手法进行处理，可以说虚拟空间是一种“心理空间”。虚拟空间没有明确的界面，但是它有一定的范围，它处在母空间之中并与母空间相通，但它又有自己的独立性，是空间中的空间。虚拟空间的作用主要体现在两个方面：一是实际使用上的；二是心理感受上的。例如，在宾馆的大堂里，由于功能需要应设置多个不同的区域，如接待区、休息区等，但区域之间又不能完全分隔开，这时使用虚拟空间可以使空间既相连，又有各自独立的区域范围。现代的许多办公空间也采用这种方式，如在一个较大的整体空间中，根据各个部分的功能需要，用90～120cm的矮隔断把空间分隔成多个相对独立的空间。从整体上看，整个空间贯通一气，而对于各分隔的小空间来讲，又可以有自己的独立范围。隔断可以遮挡其他空间，形成比较安静的环境，以营造一个各区域都能发挥作用的良好环境。另外，在心理感受上它也有很好的作用和效果。如果一个空间过于宽敞，就会显得单调和空旷，但是如果把每个空间用实墙分隔，就必然会使视线受阻，产生闭塞感，而采用虚闭空间可以避免空间过于单调，丰富层次，使整个环境更活泼、富于变化。虚拟空间的形成可以借助立柱、隔断、家具、陈设、绿化、水体、照明、材质、色彩以及构件等元素。这些元素可以给空间增色，起到装饰和点缀的作用。虚拟空间的构成还可以用多种手段，如抬高或降低地面，用不同的落差形成虚拟空间等。

3. 模糊空间

除实体空间和虚拟空间两种空间形式外，有些空间的界定不那么明确，处在实体与虚拟之间、室内与室外之间、封闭与开敞之间、公共活动与个人活动之间、自然与人工之间，从而形成交错叠盖、模糊不定的结果，因此称为模糊空间。模糊空间的地理位置也往往处于实体和虚拟两种空间之间。对于模糊空间，人们容易接受那些与自己当时心情相一致的方面，空间形式与人的感情相吻合，使空间功能得到更充分地实现。

（五）从分隔手段上分类

有些空间在建筑成型时就已形成，一般不能再改变，我们称之为固定空间。有些空间可以根据需要进行灵活的处理和变动，用家具、设备、绿化等进行分隔，这些灵活多变的空间形式称为灵活空间。

1. 固定空间

固定空间一般在设计时就已经充分考虑使用情况，建成后不再改变空间形状。固定空间常用承重结构作为闭合面，这样的空间功能明确、位置固定、范围清晰、封闭性强。

2. 灵活空间

灵活空间也可称作可变空间，它的特点是灵活多变，能满足不同使用功能的需要，是当今比较受欢迎的空间形式之一。可变空间的优点主要体现在：能适应现代社会不断发展变化的要求，如一个家庭的人数和职业的变化，需要空间环境随之变化；符合经济的原则，可变空间可以随时改变空间，以适应使用功能上的要求，大大提高空间使用的效率，还能满足现代人求新的心理。

灵活空间也有多种形式，如标准单元、通用空间、多功能大厅等。

标准单元是工业化的产品，它由若干个标准空间单元组成。这样，无论是设计还是施工、管理都比较方便。

通用空间是当今社会比较常用的一种方式，它适用于行政、金融、科研机构等。如今，企业的发展和变化很快，规模、人员、经营项目等都可能需要随时改变和调整，为了在空间方面适应这种多变性，发展通用空间是比较理想的。通用空间一般只有电梯间、卫生间和管道井等是固定不变的，其余的空间则全部开敞，并可根据需要灵活分隔。

多功能大厅也是灵活利用空间的一种方法。以往的许多空间，如电影院、会堂、体育馆等多半功能单一，使用率低。多功能大厅的基本特征是可以适当地改变空间形态，从而满足不同的功能需要。例如，一个体育馆设置两个活动隔断，这样除了可以满足较大型的体育运动比赛外，还可以把一个大空间分割成两个或多个小空间，在每个小空间内设置运动员休息室，以适应小型比赛。

（六）从空间的结构特征上分类

建筑空间的存在形式是多样的，从结构特征上可以把它分为：单一空间、复合空间、交错空间。

1. 单一空间

一般的建筑空间多为几何形体。单一空间是以一个形象单元形成的空间，如圆形空间、长方形空间等。

2. 复合空间

在实际的建筑环境中，往往不会只有一个单一的空间，而是由多个单一空间进行组合，形成一个整体，这就是复合空间。复合空间的组合往往比较复杂，组合方式多样，但其基本原则相同，应先保证空间使用方便，同时要强调和满足形式和精神上的需要。复合空间的设计必须注意空间结构的合理性及道路系统、功能系统、管线系统、绿化系统等的相互关系。复合空间的组合方式有穿插式、邻接式、大空间套小空间等，公共空间的连接空间等可采用线式、集中式、辐射式、组团式、网格式等组合方式。

3. 交错空间

交错空间实质上是复合空间的一种，就是使空间相互交错配置，增加空间的层次变化和趣味性，因为在实际中交错空间使用较多。许多现代空间设计已不再满足于封闭规整的简单层次，在空间的组合上采取了多种手法形成复杂多变的形态关系。

三、空间组织

无论是建筑外部空间环境还是建筑内部空间环境，其场所内各种功能总是依托特定的空间而展开并实现，在进行环境艺术设计之初，首先要对场所内的各类空间进行分析，空间的分析就是将各种功能要求按其用途、目的、属性进行分类，研究、确定其相互关系，并加以安排与配置。

在分析环境艺术设计项目的功能及空间特点的基础上，进一步明确建筑内外部空间的主要组成部分及其相互关系，空间中的这一基本功能关系反映建设项目的主要内容及其内在联系，是空间功能分析的主要成果，决定着环境空间的布局关系。

环境艺术设计的功能关系分析与表达常围绕“行为主体—行为方式或程

序—空间”这一思维程序进行，一般采用图解的方式，如平面分析图、行为流线图、空间形态组成图等。

平面分析图是在场所平面上对复杂功能进行高度概括，一般从空间场所的使用主体或基本目的出发，按其主要功能或特点做适当归纳，在设计初始阶段从整体上分析功能之间的相互关系，将复杂问题简单化。

行为流线图围绕环境空间内行为主体的移动过程，用以表达空间场所的主要功能关系。行为主体以人、物为主，有时也包括交通工具及信息、能源等，其分析着眼于空间场所各主要部分之间的关联程度和互动密度。

在明确了空间场所功能关系的基础上，结合场所用地的具体条件即可进行功能分区，合理组织交通系统及其与其他系统之间的关系，并最终确定场所内各空间要素的具体位置。空间场所的功能分区和组织必须坚持从整体到局部的设计思维。功能分区和组织既是对场所内外关系的总体把握，也是环境空间场所设计的关键。

在空间形态组成图所表达的环境场所功能关系中，已确定了各要素的相对关系。在此基础上，进一步整合空间场所内的各项功能，根据其使用功能、空间特点、交通联系等，将性质相同、功能相近、联系密切、对环境要求相似、相互之间干扰影响不大的空间或设施分别组合、归纳形成若干个功能区，从而为有序地组织空间营造良好的环境。

根据各功能分区的空间规模、使用特点、环境要求、交通联系与相互影响，结合场所条件确定各功能区的具体位置，使各功能区之间既相对独立又有必要的联系，共同构成统一的有机整体。这一功能分区的过程，划定了场所内各用地的使用方式，也为环境空间及设施的具体布置建立了一个总体框架。

环境空间功能分区要充分结合空间场所条件，从空间场所的内外部区域位置条件、气候日照条件、周围环境与景观特点及技术经济要求等方面，深入分析由此形成的各种有利和不利因素，分清主次，因地制宜地做出全面的综合布置与设计。

（一）交通空间组织

在进行空间场所功能分区与组织的同时，应深入分析各要素之间的联系，根据使用活动路线与行为规律的要求，有序组织建筑内部环境或建筑外部环境的人、车交通，合理布置相关设施，将空间各部分有机联系起来，形成一个统一的整体。

1.交通流线与流量的安排

在建筑内部空间或建筑外部空间的环境设计中，应首先明确场所空间功能与交通流线的关系，场所内主要的人流、车流等交通流线应清晰明确、易于识别，线路组织应通畅便捷，尽量避免迂回、折返。

交通线路的安排应符合空间的使用功能和规律以及人物的活动特点。

交通组织与其交通特征和交通流量密切相关，由于空间场所内各组成部分或建筑内外部的情况往往不同，有的空间人流量大，有的空间车流量大，有的空间人、车、货物流量均须考虑，因此在空间布置上应予以区分并各有侧重。对空间中的交通进行功能分区和组织时，应将交通流量大的部分靠近主要交通道路作为场所的主要出入口，以保证线路便捷，联系方便。交通流量较大的人、车、货物流线的组织，应避免对其他区域的正常活动造成影响。一般私密性要求越高或人群活动越密集的区域，其限制过境交通穿越的要求越严格，如室外环境景观中的居住区、以休闲活动为主的广场或公园等，为防止区域外人、车流的进入，这些区域的道路布置宜通而不畅。又如对于在室内环境中的展览空间，交通的布局亦要考虑流线组织，避免重复路线和交叉路线。

在建筑外部空间环境设计时，对地势起伏较大的场地进行交通组织时，应充分考虑地形高差的影响，使交通流量大的部分相对集中地布置在与场所出入口高差相近的地段，避免过多垂直交通和联系不便。

2.交通系统的组织

场地中的主要交通方式有人行（含自行车等非机动车）、车行两种，两者的关系若处理不当就会造成人车混杂、相互干扰，人流会影响车流的行驶速度，繁忙的车流会威胁人的安全和健康。场地内根据人、车交通组织的关系，可分为人车分流系统、人车混行系统和人车部分分流系统。场地中大量人群集中活动的主要区域，更应禁止车流进入，主要货运车流也不应靠近。

3.人流的合理组织

对于有大量人流集散的建筑外部空间环境，特别是电影院、剧场、文化娱乐中心、会场、博览建筑、商业中心等场地，要合理组织好人流交通。根据《民用建筑设计统一标准》(GB50352-2019)的规定，人员密集建筑的场地应至少一面邻接有足够宽度的城市道路，以保证人员疏散时不影响城市正常交通；这类场地沿城市道路的长度应按建筑规模和疏散人数确定，并不得小于基地周长的六分之一。

4.合理设置集散空间

一般将各种不同方向的人流通过步行道或广场来组织，或合流或分流，使之互不冲突。人员密集的建筑物的主要出入口前，应有供人员集散的空地，其面积和长宽尺寸应根据使用性质和人数确定；场地内的绿化面积和停车场面积应符合当地城市规划部门的规定，其绿化布置不应影响集散空地的使用。

场地道路布局受多种因素的影响，按其与各建筑的联系形式可分为环状式道路、尽端式道路和综合式道路三种。在交通流线有特殊要求或地形起伏较大的场地，不需要或不可能使场地内道路循环贯通，只能将道路延伸至特定位置而终止，即为尽端式道路布局。

人流集散有两种规律：一种是有经常性的大量人流集散，如商业中心、展览馆、客运站等，整天人来人往，川流不息；另一种是有定期性的人流集散，如体育中心、会堂、影剧院等，人流集中在比赛、会议或演出前后。前者人流活动往往有一定的规律，应将建筑物的入口和出口分开设置，使人流沿一定方向循序渐进。后者常常在短时间内集散大量的人流，除了分开设置出入口外，还应根据人流数量、允许集中或疏散的时间，考虑出入口分布的合理位置和足够数量。

场地的人流出入口要与城市道路、公交站点、停车场有便捷的联系，以缩短人流出入和集散的滞留时间。

5.空间场所出入口的位置

场地布局时应充分合理利用周围的道路及其他交通设施，以便便捷地进行对外交通联系，但同时也应注意尽量减少对城市主干道交通的干扰，当场地同时毗邻城市主干道和次干道时，应优先选择次干道一侧作为主要机动车出入口。

按照有关规定，人员密集建筑的场地应至少有两个不同方向通向城市道路的出口；这类场地或建筑物的主要出入口应避免直对城市主要干道的交叉口。

对于居住场地，小区内主要道路应至少有两个入口。居住区内主要道路至少应有两个方向与外围道路相连；机动车道对外出入口数量应控制，其出入口间距不应小于150m；人行出入口间距不宜超过80米。

对于车流量较大的基地（包括出租汽车站、停车场）等，根据《民用建筑设计统一标准》（GB 50352–2019），其通路的出入口连接城市道路的位置应符合下列规定：①距大中城市主干道交叉的距离，自道路红线交点量起不应小于70米。②距非道路交叉口的过街人行道（包括引道、引桥和地铁出入口）最边缘线不应小于5米。③距公共交通站台边缘不应小于10米。④距公园、学校等建筑的出入口不应小于20米。⑤当基地通路坡度较大时，应设缓冲段与城市道路连接。

（二）建筑外部空间组织

建筑外部空间是建筑环境中功能与形式相互矛盾又相互统一的结果。一方面，建筑外部空间的形成是环境形式由简单聚居向功能多样、形态及结构复杂演化的过程。另一方面，建筑外部空间组织发展的历程也是人们不断能动地改善自己的集居环境，进行空间设计营建的过程。虽然各地自然条件、社会经济发展水平存在差异，建筑外部空间不同时期的分布、规模和景观形态不尽相同，空间组织形态也必然随着时代而发展变化。同时，又由于建筑外部空间的复杂性和综合性，在一定时期内和特定的各种影响因素作用下，所形成的某种明确的空间组织和布局结构，是不会轻易改变的，这种渐变相对固定的现象也有其必然的规律，因此，建筑外部空间形态同时具有整体上绝对的动态性和阶段上相对的稳定性。

关于建筑外部空间的分类，也存在着许多不同的归纳分析方法和意见。有按照建筑外部空间主体平面形状或三维空间特征、建筑外部空间扩展进程模式、建筑外部空间活动中心和功能分区布局、城市道路网结构等多种多样的分类方法，而实际上这些不同分类方法都是相互关联的，因此，此处采用比较直观的图解式分类法，建筑外部空间以其区划边界以内、主体建成区总平面外轮廓形状为基本标准所形成的几个主要类型如下。

1. 中心式空间组织

中心式空间组织是指建筑外部空间主体轮廓长短轴之比小于4∶1的集中

紧凑的空间组织形态，其中包括若干子类型，如方形、圆形、扇形等。这种类型是建筑外部空间形态中最常见的形式，空间的特点是以同心圆的方式向四周扩延，活动中心多位于平面几何中心附近，空间构筑物的高度往往变化不突出或比较平缓，区内道路网为较规整的网格状。这种空间组织形态从艺术设计角度上易突出重点，形成中心，从功能上便于集中设置市政基础设施，合理有效地利用土地，也容易组织区域内的交通系统。

2. 带状或流线式空间组织

建筑外部空间主体组织形态的长短轴之比大于4：1，并明显呈单向或双向发展，其子类型有“U”形、“S”形等。这些建筑外部空间组织往往因受自然条件限制或完全适应和依赖区域主要交通干线而形成，呈长条带状发展，有的沿着湖海水平的一侧或江河两岸延伸，有的地处山谷狭长的地形或沿道路干线的一个轴向长向扩展。这种形态的空间组织一般不会很大，整体上使空间形态的各部分均能接近周围的自然生态环境，平面布局和交通组织也较单一。

3. 放射式空间组织

放射式空间组织是指建筑外部空间组织总平面的主体团块有三个以上明确的发展方向，包括指状、星状、花状等子类型。这些形态大多用于地形较平坦，而对外交通便利的地形。

4. 星座式或组团式空间组织

星座式空间组织是指建筑外部空间组织总平面是由一个颇具规模的主体团块和三个以上较次一级的基本团块组成的复合形态。这种空间组织结构形似大型星座，除了具有非常集中的中心区域外，往往为了扩散功能而设置若干副中心，联系这些中心及对外交通的环形和放射道路网形成较复杂的综合式多元结构，依靠道路网间隔地串联一系列空间区域，形成放射性走廊或大型空间组群。

组团式空间组织是指由于地域内河流、水面或其他地形等自然环境条件的影响，建筑外部空间形态被分隔成几个有一定规模的分区团块，有各自的中心和道路系统，团块之间有一定的空间距离，但有较便捷的通道使之组成一个空间实体。

5. 自由散点式空间组织

自由散点式空间组织的建筑外部空间没有明确的总体团块，各个基本团块在几个区域内呈散点状分布。这种形态往往是在地形复杂的山地、丘陵或广阔平原地带，也有的是由若干相距较远的独立发展区域组合而成的较大的空间地域。

6. 棋盘格式空间组织

常见的棋盘格式空间组织是以道路网格为骨架的建筑外部空间布局组织方式，这种空间布局组织方式在公元前2000多年埃及的卡洪·美索不达米亚的许多城市规划中已经应用，并在重建的许多城市中付诸实践，形成体系。

这种组织模式的创始人为公元前5世纪的希腊建筑师希波丹姆。希波丹姆在规划设计中遵循古希腊哲理，探求几何图像和数的和谐，以取得秩序之美。

7. 互动或借景式空间组织

利用空间中形体的起承转合以及东方园林艺术中的借景手法形成的一种虚拟空间组织方式，称为互动或借景式空间组织。建筑外部空间的图上面积是有限的，为了扩大景物的深度和广度，丰富空间的内涵，除了运用各种统一、迂回、曲折等处理手法外，设计者还常常运用借聚手法。

中国古代早就开始运用借景的手法营造园林或建筑。例如，唐代建的滕王阁，借赣江之景，“落霞与孤鹜齐飞，秋水共长天一色”；岳阳楼近借洞庭湖水，远借群山，构成山水画面；杭州西湖处于“明湖一碧，青山四围，六桥锁烟水”的环境中，“西湖十最”互相因借，各“最”又自成一体，形成一幅生动的画面。计成在《园冶》里提出了“园林巧于因借，精在体宜”“俗则屏之，嘉则收之”“借者，园虽别内外，得最则无拘远近”等基本原则。

互动式借景又可分为以下几种：①近借，在园中空间欣赏园外近处的景物；②远借，在不封闭的园林中看远处的景物，如靠水的园林，在水边眺望开阔的水面和远处的岛屿；③邻借，在园中欣赏相邻园林的景物；④互借，两座园林或两个景点之间彼此借助对方的景物。

（三）建筑内部空间组织

建筑内部空间各种处理手法最终凝结在各种形式的空间形态之中。人类经过长期的实践，在建筑内部空间形态方面积累了丰富的经验，但由于建筑内部空间的丰富性和多样性，特别是在不同方向、位置的相互渗透和融合，有时很难找出恰当的临界范围而明确地划分空间，这就为建筑内部空间组织分析带来一定的困难。然而，只要抓住了空间形态的典型特征及其处理规律，就可以从千姿百态的空间中理出一些头绪。

建筑内部空间组织主要有以下几类。

1.集中式空间组织

集中式空间组织主要以一个空间母体为主结构，一些次要空间围绕空间母体展开。集中式空间组织作为一种理想的空间模式，具有表现神圣或崇高的场所精神以及表现具有纪念意义的人物或事件的特点。其主空间的形式作为观赏的主体，要求具有位置集中的几何形状，如圆形、方形或多角形。这些形状具有强烈的向心性。主空间作为周围环境中的一个单体，或空间中的控制点，在一定范围内占据中心地位。

古罗马和伊斯兰的建筑师最早应用集中式空间组织方式建造教堂、清真寺建筑。而到了近现代，集中式空间组织的运用主要表现在公共建筑中共享大厅的设计上。以美国建筑师波特曼为首的一些建筑师通过大型酒店和办公建筑中共享空间的设计将集中式空间组织的发展推向一个新的阶段。

近代共享空间最大的特点是从感官上唤起了人们对空间的幻想，它以一种夸张的方式，将人们放置在建筑舞台的中心，它鼓励人们参与，鼓励人与人交流互动，在空间中穿行，享受室内大自然（如光线、植物、流水），享受社交生活。

共享空间的出现和发展对那些千篇一律的、沉闷的内部空间和缺少形态的外部空间产生了冲击。共享空间的出现为城市公共空间的振兴提供了一种方式，其中心思想非常贴近我国的人与自然和谐统一思想。

共享空间大多应用在城市大型公共建筑中设置的中庭空间，是一种全天候公众聚集的空间。在这个空间中，内庭院与其周围空间相互影响，中庭空间既能透光，又能遮风挡雨、阻挡烈日等，同时具备通透性与遮蔽性。

通常围绕在共享空间周围的空间多是功能空间，如酒店的客房、大型公共商厦的办公室，而中庭空间是一种附带空间，但是这两者是相互影响的。中庭本身能够提供有用的空间，除了构成门厅与可达建筑物各部分入口的交通空间外，还可作为餐厅、休息、展览、表演空间以及商场用地。

2.线式空间组织

线式空间组织方式实质上是一个空间系列组合。这些空间既可以直接逐个连接，也可以由一个单独的线式空间来联系不同的空间。线式空间组合通常由尺寸、形式和功能都相同或相似的空间重复出现而构成，也可将一连串尺寸、形式或功能不相同的空间由一个线式空间沿轴向组合起来。

在线式空间组合中，重要的功能或象征空间既可以出现在序列的任何一处，以尺寸和形式的独特表明其重要性，也可以通过位置加以强调，置于线式序列的端点，偏移于线式组合，或者处于扇形线式组合的转折上。线式空间组织的特征是“长”，因此它表达了一种方向性，具有运动、延伸、增长的意义。为限制延伸感，线式空间形态组合可终止于一个主导的空间或形式，或者终止于一个经特别设计的清楚标明的空间，也可与其他的空间组织形态或者场地、地形融为一体。

3.放射式空间组织

在放射式空间组织中，集中式空间组织及线式空间组织的要素兼而有之。放射式空间组织由一个主导中央空间和一些向外放射扩展的线式空间构成，集中式空间形态是一个内向的图案，趋向中心空间聚焦，而放射式空间形态多为外向的图案，向空间组合的周围扩展。

正如集中式空间组织一样，放射式空间组织方式的中央空间一般也是规则形式，即以中央空间为核心向各方向扩展。放射式空间组织变化的一个变体是风车式空间形态，它的空间沿着正方形或规则的中央空间的各边向外延伸，形成一个富于动势的图案，在视觉上产生一种围绕中央空间旋转运动的联想。

城市中的立体交通显示出一个城市的活力，也是繁华城市壮观的景象之一。现代室内空间设计早已不满足于封闭的六面体空间形态，在创作中也常把室外的城市立交模式引进室内，在大量群众集合的场所（如展览馆、俱乐部等）中使用，利于分散和组织人流，而且在某些规模较大的住宅中也常使用。在这样的空间中，人们上下活动交错，俯仰相望，静中有动，不但丰富了室内景观，也给室内环境增添了生机。

4.组团式空间组织

组团式空间组织通过紧密连接使各个小空间互相联系，进而形成组团空间，又可称为包容式空间。

每个小空间具有类似的功能，并在形状和朝向方面有共同的视觉特征。组团式空间组织结构也可在构图空间中采用尺寸、形式、功能各不相同的空间加以协调联系，但这些空间通常要通过视觉上的一些规则手段（如对称）来建立关系。因为组团式空间组织的平面图形并非源于某个固定的几何概念，它灵活可变，可随时增加和变化而不影响其特点。

组团式空间组织的平面图形中没有固定的重要位置，因此必须通过图形中的尺寸、形式和朝向，才能显示出某个空间所具有的特别意义。

对称及轴线可用于加强和统一组团式空间组织的各个局部，来表达某一空间或空间组群的重要意义。

5.浮雕式空间组织

浮雕式空间组织是指建筑内部空间组织的几种十分具有特点的形态结构，它们的共同之处是尺度精致，且具浮雕感。浮雕式空间组织主要有以下几种形式。

（1）下沉式空间。室内地面局部下沉，在统一的室内空间中就产生了界限明确、富有变化的独立空间，下沉地面标高比周围的要低，因此有一种隐蔽、安全和宁静感，也成了具有一定私密性的小天地。

人们在其中休息、交谈倍感亲切，在其中工作、学习也较少受到干扰。同时随着视点的降低，空间感觉增大，室内外景观也会由此产生变化。下沉式空间根据具体条件和不同要求，可以有不同的下降高度，少则一二阶，多则四五阶，对高差交界的处理方式也有许多方法，如布置矮墙绿化、沙发、低柜、书架以及其他储藏用具和装饰物。高差较大的，应设围栏，但一般来说高差不宜过大，尤其不宜超过一层楼的高度，否则就会产生上下楼或进入地下室的感觉，失去了下沉空间的意义。

（2）地台式空间。与下沉式空间相反，如将室内地面局部升高也能在室内产生一个边界十分明确的空间，但其功能、作用几乎和下沉式空间相反。

地台式空间与周围空间相比十分醒目突出，因此适用于展示、陈列或眺望。许多商店常利用地台式空间布置最新产品，使人们一进店内就可一目了然，很好地发挥了商品的宣传作用。现代住宅的卧室或起居室虽然面积不大，但也会利用地台布置床位或座位，有时还利用升高的踏步直接当座位，使室内家具和地面结合起来，产生更为简洁而富有变化的室内空间形态。此外，还可利用地台进行通风换气，改善室内气候环境。在公共建筑（如茶室、咖啡厅）中，常利用阶梯形平台使顾客更好地看清室外景观。

（3）内凹与外凸空间。内凹空间是在室内局部推进的空间形态，在住宅建筑中应用普遍。内凹空间通常只有一面开敞，因此在大空间中自然少受干扰，形成安静的一角，有时在设计中常把顶棚降低，营造宁静、安全、亲密的氛围。根据凹进的深浅和面积大小，可以用作不同的布置，在住宅中多利用它布置床位，这是最理想的私密性位置。有时甚至在家具组合时，也特地空出四角布置座位。在公共建筑中常用内凹空间，避免人流穿越干扰，获得良好的休息空间。许多餐厅、茶室、咖啡厅，也常利用内凹空间布置雅座。对于长廊式的建筑，如宿舍、门诊、旅馆客房、办公楼等，在适当间隔布置一些内凹空间作为休息等候场所，可以避免空间的单调感。

凹凸是一个相对概念，如凸式空间就是一种对内部空间而言是凹式，对外部空间而言是向外凸出的空间。如果周围不开窗，对室内而言仍然保持了内凹空间的一切特点，但这种不开窗的外凸式空间，在设计上一般没有多大意义，除非外形需要或作为外凸式楼梯、电梯等使用。大部分凸式空间是为了将建筑更好地伸向自然，三面临空，使人饱览风光，使室内外空间融合在一起，或者为了改变朝向，采取锯齿形的外凸空间。如住宅建筑中的挑阳台、日光室都属于凸式空间。凸式空间在西方古典建筑中运用得比较普遍，因其有一定特点，故至今在许多公共建筑和住宅建筑中仍在采用。

（4）回廊与跳台。回廊与跳台是室内外空间中独具一格的空间形态。回廊常用于门厅和休息厅，以增强其入口宏伟壮观的第一印象，丰富垂直方向的空间层次。建筑中有时还常利用扩大的楼梯休息平台和不同标高的跳平台，布置一定数量的桌椅作休息交谈的独立空间，并造成高低错落、生动别致的室内空间环境。现代旅馆建筑中的中庭，有许多是多层回廊与跳台的集合体，并表现出多种多样的处理手法和效果，借以吸引广大游客。

第三章 环境艺术设计方法

第一节 环境艺术设计的特征、材料及程序

一、环境艺术设计的特征

环境艺术设计是一门新兴的，与建筑学、城市规划学等密切相关的综合性学科，它属于艺术设计学科的一个分支。环境艺术设计的目的是为人类创造更为合理、更加符合人的物质需求和精神需求的生活空间。为人们的生活、工作和社会活动提供一个合情、合理、有效的空间场所。环境艺术设计追求的是“人性化”的空间场所，由于人的物质生活，尤其精神生活是一个多方位的、多层次的、动态的、复杂的群体反映现象，要满足人的各种不同要求，所涉及的知识和学科有建筑学、城市规划、景观设计、人类工程学、环境行为学、环境心理学、美学、社会学、文化学、民族学、历史学、宗教学以及技术与材料等方面，环境艺术设计是一门范围广、既边缘又综合的学科，是一项系统的工程。

(一) 环境艺术设计中艺术的特点

艺术的存在有多种形式，在不同的形式中，艺术往往会呈现不同的特点，如中国流行音乐艺术呈现出独创性、民族性等特点，中国古代雕塑艺术具有绘画性、意向性等特点。概括来说，环境艺术设计中的艺术主要有以下三个特点。

1. 呈现形式立体化

从空间呈现看，环境艺术设计中的艺术最初是呈现在设计者脑海里的、纸面上的，但这不是最终呈现，最终是要落实到具体三维环境空间里，即从平面过渡到立体面，呈现形式立体化。立体化是通过建筑群体组织、建筑物的形体、平面布置、立面形式、内外空间组织、结构造型，即建筑的构图、比例、尺度、色彩、质感和空间感体现的。园林是一种立体空间综合艺术品，是通过人工构筑手段加以组合的具有树木、山水、建筑结构和多种功能

的空间艺术体。苏州园林建造时还没有环境艺术设计这一概念，但却是这一概念的具体实践者。苏州园林被称为是“无声的诗，立体的画”，苏州园林在有限的空间范围内，利用独特的造园艺术，将湖光山色与亭台楼阁融为一体，把生机盎然的自然美和创造性的艺术美融为一体，令人不出城市便可感受到山林的自然之美。苏州园林由建筑、山石、水和植物四大物质要素构成，尤以廊、桥、楼、假山、池水为特色。建筑、山石、水和植物都是立体实物形态，总体来说，苏州园林的空间布局、物质要素呈现等都体现了呈现形式立体化的艺术特点。[①]

2.表现形式静态化

人类的艺术活动领域非常广阔，几乎涵盖了社会生活的方方面面。从运动形式看，艺术的表现有三种，即动态艺术、静态艺术以及动静结合形态的艺术，其中以前两种最为主要。舞蹈、声乐、表演、行为艺术等都属于动态艺术，而静态艺术更为复杂，形式更为多样，主要有绘画、雕塑、建筑、摄影、书法等门类。静态艺术包含造型性、视觉性、静态性和空间性四个基本特征，具有更强的直观性和具体性。环境艺术设计中的艺术则是静态艺术的综合体，它囊括了绘画、雕塑、建筑等多种形式，是综合性的静态表现。家居装饰是环境艺术设计的有机构成。家居经装饰后，其所呈现出的美更加精致，更有内涵，更为丰富，从而形成一种特有的审美风格。装饰艺术的审美风格是从物质特有的具体性出发，经过设计、装饰而形成的特征性的表现形态，它体现了艺术实用与审美的统一，艺术与环境的协调统一，这两种统一都是以静态的形式体现出来的，可以说家居装饰是环境艺术设计中艺术表现形式静态化的具体表现。

3.体现形式综合化

环境艺术设计中的艺术不像雕塑、声乐、绘画等是单门的艺术，环境艺术设计中的艺术有物质基础和空间布局，可以进行多种形式的艺术创作，因而体现形式综合化。它统筹考虑了环境的装饰、绘画、诗文、雕刻、花纹、庭园、家具陈设等多个方面，经过综合处理所形成，因而是一种综合性艺术。苏州园林里的园林建筑与景观有匾额、楹联之类的诗文题刻，这些充满着书卷气的诗文题刻与园内的建筑、山水、花木自然和谐地糅合在一起，使

①傅方煜.环境艺术设计与审美特征[M].长春：吉林出版集团股份有限公司，2019.

园林的一山一水、一草一木均能产生深远的意境，这就是环境艺术设计中形式综合化的体现。另外，根据内容和形式不同，环境艺术设计中的艺术还呈现其他特点，如抽象性特点、意向性特点等。

总之，环境艺术设计是综合性设计，包含了园林规划设计、园林植物配置与造景设计、园林工程施工、室内外装饰设计、空间设计等方面。设计是沟通环境和艺术的桥梁，艺术是其本质属性，在环境艺术设计中，艺术的呈现形式具有立体化、静态化、综合化等特点，这是环境艺术设计中艺术的独特体现。

（二）环境艺术设计的特征

所谓特征，就是指事物特点、征象、标志。环境艺术设计作为一门专门的学科，尽管与其他学科（如建筑学等）有着相近之处，但是各自的研究范围、重点等仍有所不同，作为一门独立的学科，环境艺术设计有其自身的特点和规律。环境艺术设计包含了自然、人工、人文要素，从地理、生态、建筑、材料与技术，到哲学、伦理、人体工程、心理、历史、经济等几乎无所不包，凡与人关联的各方面都与环境艺术设计相关。从另一个层面上来说，环境艺术的对象可以小到一件家具、一件陈设品，大到城市、国家乃至全球。

1.多功能（需求）的综合特征

对于环境艺术功能的理解，人们往往仅停留在使用的层面上，但实质上除了使用作用外，还有信息传递、审美欣赏、反映历史文化等作用，因此环境艺术设计是多种功能需求的一种解决方式。任何一个环境的功能需求都是多方面的。

首先是使用的要求，如室内空间的大小和形状都与具体的使用相关联，声音、光照、热能、空气等也是满足功能的基本条件；卧室、厨房、客厅、办公室、展览厅、商场都有各自的物理和生理上的具体要求，使用功能的要素就是提供方便、有序、客观实在的环境。不同性质的活动和行为必然提出相应的功能要求，就需要不同形式和物理条件的环境去满足功能的需求，这是环境艺术设计对使用功能考虑的变量范围。

当然，仅仅达到使用目的是不够的，环境的另一个不可忽视的方面是它的信息传递功能。环境在以它特定的存在形式给人们提供使用功能的同时，也以它的形态、色彩、质地等构成（符号）传递着各种信息、意味和情趣。信息传递是对环境艺术深层次精神领悟的基础，一个特定空间的形态、色彩的组合、材料的质地、家具与设施的配置等给人以多种信息，墙面上一定比例关系的窗框告诉人们这是门或窗，立体的一定高度和比例关系的台子很容易辨识是餐桌、书桌或办公桌等，这类信息是与使用功能紧密关联的最为基本的信息，如入口、通道、楼梯、开关、休息区域、工作区域、各种设施等，它们是实现和保证使用功能的基础。除了基本信息外，环境还向人们传递着心理感受信息，如和谐、协调、杂乱、整齐、轻松等，这类信息是人类都能够感觉的，艺术的形式美就是建立在这种感觉能力基础上的。

在信息传递基础上的审美和精神文化功能是对环境艺术设计评价的重要方面，一项环境艺术的设计，仅从满足使用要求上来说，比较容易做到的，因为物理和生理上的满足可以有比较确定的数据和指标，达到指标要求也就实现了使用功能。而精神和审美意义上的标准却有相当大的不确定性，这就是文化差异的区别，不同时代、不同地区、不同民族的人，对于环境艺术的精神内涵、审美等的理解和认识都会不同，所以，如何满足这方面的功能需求往往是设计的关键所在，尤其是一些体现历史和时代等精神文化性质的建筑与环境，如文化设施、广场、纪念馆、博物馆等具有标志性和纪念性的建筑和环境。

环境艺术设计要满足各种不同的功能需求，具体的环境对功能需求的程度又不尽相同，有些强调使用功能，有些偏重精神功能。在设计中，使用功能与精神功能是既矛盾又统一的关系，因此，协调、平衡和综合各功能之间的关系是环境艺术设计的重要部分。

多层面的分析和考虑又是环境艺术设计的特征之一。环境艺术设计从大到城市的整体规划，小到室内一件家具的摆放位置，一个电器开关的造型、色彩，一个门拉手的触感等都是需要考虑和设计的，因而它的设计范围是极为广泛的。既有极为抽象的思考内容，如文化性、民族性的含义等，又有非常具象的思考对象，如空间的形象、色彩的关系、家具的造型等。时而需要逻辑的理性思维，时而又需要情感的感性思维，环境艺术设计是一种多方位的立体思维模式，这显示了它复杂的另一面。如此多的功能要求和各种层面的关系给环境艺术设计带来了一定的难度，所以从某种意义上来说，环境艺术设计是一门受限制的设计艺术，它既需要具有开创性的艺术性质来实现新颖、趣味、意义和审美等价值，又需要严谨科学的态度来实现各种具体功能，环境艺术设计也可以说是在多重的、复杂的关系中寻找一种平衡，寻找一个最佳的契合点，这就是环境艺术设计多层面的特点。

2. 多学科的相互交叉特征

环境艺术不是纯欣赏意义的艺术，不是完全表达个性的艺术家的作品。环境艺术是一门综合学科，它是功能、艺术、技术的统一体。它是自然、社会、人文、艺术多学科的融合，它包含了地理地貌、气候种植、历史文化、民俗民情、工程技术、环境心理、环境行为、人类工程、审美欣赏等各方面的知识。环境艺术的多学科不是部分与部分相加的简单组合关系，而是一个物体对象上的多方面的反映和表现，是一个交叉与融合的关系。环境艺术的多学科特征表明了它内涵的丰富性和外延的广阔性，因此，设计师应该具备多方面的知识和能力，这样才能适应环境艺术设计工作的要求。环境艺术设计不是个人行为，它的实现需要各方面人员的合作与配合，所以，听取各方面的建议和意见，与相关专业沟通协调是环境艺术设计师必须具有的素质之一。

3. 多要素的制约和多元素的构成特征

从性质上去理解环境艺术，它的组成要素有地理条件、使用功能、经济、科学技术、艺术、文化等，环境艺术设计的实现需要各要素的支撑，但同时每个要素又对环境的整体提出了具体要求并指定一个范围，也可以说是对环境形成了某种制约。譬如，具体的环境艺术项目必然是建立在特定的地理环境中的，这片土地的地形、地质、光照、水源等状况都会对设计造成某种影响、某种限制。环境艺术设计需要有经济的支持，但经济也会对环境艺术设计形成很大的制约，设计是要求在一定经济投资的范围去进行的，经济的原则是花最少的钱达到最好的效果。因此，所有的设计都是在充分考虑经济承受能力的前提下做出的。

功能对环境艺术设计的制约是最为直接也是最为显著的。并不是所有的设计都可以实现，因为设计最终要靠施工、靠技术来完成，技术上不能实现的设计就成了空中楼阁。譬如，著名的悉尼歌剧院最初的设计就受到了许多人的批评和反对，因为这个设计没有很好地考虑结构与技术上的问题，也就是说当时的建筑技术还难以使这个空间实现，后来请了结构工程设计专家来解决这个问题，经过多年的努力，终于找出了解决问题的办法，但这个项目因此也拖延了许多年，并且花了超出预算好几倍的投资才最终完成。科学技术对设计的制约是非常大的，了解和熟悉技术也是设计师必须做到的。

艺术和文化同样也对设计形成一定的制约关系，艺术和文化的观念、思潮、风格等会影响环境艺术设计，艺术与文化水平的高低从某种程度上也可以决定环境艺术设计最终的质量。

对于多种要素的制约，要求在设计中充分分析各种要素关系，综合、平衡后制订一个最为合理、合适的方案。从视觉的角度去理解环境艺术，它的构成也是一个多元素的，有土地、植物、森林、山石、水、空间、建筑、光、色彩等，其中有大自然的鬼斧神工，如山川、湖泊、河流、草坪、树木等，也有能工巧匠的艺术创造，如建筑、设施、雕塑、绘画、家具、小品等，环境艺术设计是人工与自然结合的产物。

4.公众参与的特征

环境艺术设计的另一特征就是公众参与设计。环境艺术设计从开始计划、构思到最后的实施完成，需要经过一系列的过程，这个过程会有各个方面的工作人员对方案进行审定和提出各种建议，有些城市的环境艺术设计还需要经由全体市民的介入，征求百姓的意见等。

一般来说，一个环境艺术设计方案要经过投资方的认定，投资方对成本核算等方面有较严格的审核；要通过使用方的认可，满足使用方对功能的要求。环境艺术设计方案还需要通过施工才能呈现最终的效果，因此环境艺术设计也要考虑施工的具体工艺和施工技术上的问题。

笼统地说，环境艺术具有突出的公共性质，这与纯艺术创作多属个人行为有着明显的区别。环境艺术是公众的艺术，因此，听取公众的意见，汲取大家的智慧，是设计师进行设计创作的基本方法之一。

（三）地域特征与环境艺术设计的内在关系

地域特征从古至今都是真实存在的，环境艺术设计是随着地域特征的改变而改变的，只有两者之间相互结合才能促进环境艺术设计水平的提升，同时还能对地域文化的传承作出巨大贡献。环境艺术设计不仅是一项艺术活动，也是推动社会进步和文化发展的重要力量。

1.我国地域特征在传统环境艺术设计中的体现

我国是具有悠久历史的文明古国，拥有着丰富的民族文化特征，不同民族的地域文化又直接反映在当地的建筑中，如傣族的竹楼、内蒙古的蒙古包以及羌族的碉楼等，都体现出不同民族悠久的地域文化。在我国传统的环境艺术设计中，设计者多从自然的角度出发，讲究人与自然的和谐相处。我国古代的园林艺术则是地域特征在传统环境艺术中的完美体现。在我国古典园林的艺术设计中，追求自然成为园林设计思想中重要的组成部分。“虽由人做，苑自天开”成为园林设计追求的最高目标和审美旨趣。在园林设计中，主要突出自然之美，遵从自然的发展规律，例如，在对园林中的山水进行设计时，要考虑到山石的脉络走向和水流的自然走向。

从我国传统的居民建筑中也可以看出地域特征给环境艺术设计带来的深刻影响。居民建筑由于与人们的生产、生活息息相关，因此具有明显的民族特色和地域文化特征。例如，处在江南水乡环境中，河网交织，形成典型的小桥流水画面，在房屋设计中也多采用黑、灰以及墨绿等颜色进行色彩的处理，使人们宛如居住在山水画中。再如，北京的四合院、内蒙古的蒙古包、陕北的窑洞等，无一不体现着民族文化和地域特征给居民建筑带来的深刻影响。由于各地居民的自然环境因素不同，不同地域的居民建筑在建材使用以及建筑技术方面有很大不同。

2.地域特征与环境艺术设计的内在关系

（1）地域特征体现。地域特征是人们在长期的生活中形成的，并且影响着人们对环境艺术的认知。以傣族的竹楼为例，它就是具有地域特征的环境艺术设计之一。它是根据当地的地势与地形创造的，并且蕴含着人民的生活态度与思想观念。傣族隶属于云南，其气候常年湿热。为了能够适应这种环境，提高居住的舒适性，傣族人民利用自然资源中的竹子进行房屋的建设。在建筑的布局上，人们将房檐建设成“尖形”，将四个平面以方形呈现出来，并且屋顶四面不重叠，使房顶的坡度以较缓的状态呈现出来。

（2）地域特征是环境艺术的内在表达。窑洞是陕北地区具有地域特色的设计之一，也是体现本土文化的主要建筑形式。窑洞主要是利用天然地形和砖头砌筑而成的，并且有着一定的观赏性与环境艺术特征。从地域分布来讲，窑洞主要集中在我国西北部一带，如山西、甘肃、陕西等，这些地区的气候较为干旱，并且风沙现象比较严重。而窑洞则具有抗风沙、防寒的效果。窑洞上面有很厚的土层，土层具有一定的保温和防寒效果，使窑洞内冬暖夏凉。因此，这种窑洞就形成了独具西北特色的窑洞环境艺术。

(3) 环境艺术设计凸显地域特征。以福建的土楼为例，它令许多观赏者叹为观止，也是福建客家人的主要象征之一。一般来讲，一个土楼中会有几十户或者是几百户人家共同居住。这就是土楼的建筑特色，也体现出一定的艺术性。它主要利用当地特有的土木资源进行建设，在水泥混合的基础上将木条以及竹条也糅合进去，再利用当地的黏沙土予以打造，体现了土楼建造的便利性和地域特征。

我国是一个多民族国家，由于地域的差别，形成了具有不同特色的地域文化。不同地区的环境艺术设计都会在一定程度上反映着这个地区相应的地域文化。

二、环境艺术设计中的材料运用

装饰材料是当代环境艺术设计中必不可少的重要元素之一，它在室内及景观设计中都起着至关重要的作用。随着社会的发展和科学技术的进步，装饰材料的品种也日益繁多。我国的室内装饰水平大幅度提高，装饰材料被广泛地运用到环境艺术设计中。各种材料对人类的生活环境发挥着很大的作用。

选用不同种类的材料，按照材料的基本性能、规格、特性和变化规律来装饰我们的生活空间，具有满足使用功能和美化环境的效果。在室内环境艺术设计中，空间的整体感觉是离不开装饰材料运用的。

不同的材料组合在一起能够表现出不同的风格和感觉，同时也能反映出空间的感情色彩，为空间赋予生命。装饰材料是室内环境艺术设计中的一个亮点，它在满足人们使用功能的同时也满足了人们视觉感官的享受。人们进行室内装饰设计的最终的目的就是要改善和美化环境，可见装饰材料和我们的生活是息息相关的，它在环境艺术设计中起着重要的作用。

（一）装饰材料的现状和发展趋势

据考古发现，早在5000多年前，人们就懂得运用烧制的白石灰来装饰屋内的墙面。随着社会经济的发展和生活水平的不断提高，人们对室内装修的质量和环境美化效果的要求越来越高，而这些都离不开室内装饰材料。室内装饰材料是指用于建筑物内部墙面、顶棚、柱面、地面等的罩面材料。装饰材料不仅能改善室内的空间环境，使人们得到美的享受，同时还兼有绝热、防潮、隔热、防火、吸声、隔声等多种功能，起到保护建筑物主体结构，延长使用寿命和满足空间使用功能的作用，是环境艺术设计中不可缺少的重要材料。

室内装饰材料是品种门类繁多、更新速度快、发展过程活跃、发展潜力大的材料。它发展速度的快慢、品种的多少、质量的优劣、款式的新旧、配套水平的高低，决定着环境艺术设计的展现水平，对美化和改善人们居住环境和工作环境有着十分重要的意义。随着科学技术的发展，国内外市场上的室内装饰材料日新月异，新型室内装饰材料层出不穷，新型产品的不断推出进一步满足了人们对装饰美化空间的需求。

（二）环境艺术设计中装饰材料的发展

1. 人造材料的大量生产和使用

一直以来人们大多使用自然界中的天然材料来装饰建筑，如天然石材、木材、天然漆料、羊毛、动物皮革等。但是，目前天然材料的开采和使用受到了制约。人造材料替代天然材料成为必然的发展趋势，人造大理石、高分子涂料、塑料地板、塑钢门窗、化纤地毯、人造皮革等装饰制品已大量生产，并被用于现代环境艺术设计中，最大限度地满足了环境艺术设计师的设计要求和消费者的需求。

2. 多功能、复合装饰材料制品

装饰材料的首要功能是具有一定的装饰性，但现代装饰场所不仅要求材料的外观应满足装饰设计的效果，而且还应满足该场所对材料其他功能的规定，例如，内墙装饰材料兼具隔音、隔热、透气、防火的功能；地面装饰材料兼具隔声、防静电的效果；吊顶装饰材料兼具吸声作用。天然大理石陶瓷复合板、石材蜂窝复合板、复合型丽晶石、复合型蜂窝铝板等复合装饰材料由两种或两种以上的材料复合而成，装饰性好、强度高、质量轻、易安装、优势互补。一些新型的复合墙体材料，除具有应有的装饰效果之外，还兼具耐风化、保温隔热、隔声、防结露等性能。近年来，多功能组合构件预制化的发展步伐正在加快，将主体结构、设备、装饰材料三者合一的预制构件也有了很大的发展。

3.绿色装饰材料已成为绿色建筑发展强有力的支撑

随着人们生活水平和文化素质的提高，环保意识不断增强，崇尚自然、追求健康、绿色消费已成为一种新的时尚，成为人们共同追求的目标。人们十分重视选用绿色装饰材料改善室内环境，确保健康。目前，绿色建筑已经成为国家发展战略，这让人们对健康环保的居住环境更为关注，对装饰材料提出了更高的要求，不仅要有精美的装饰性，而且对人体无害，对环境无污染，并有利于人体健康。

目前，现代复合木结构材料、现代复合竹材、绿色涂料、绿色壁纸和抗菌制品等装饰材料已得到广泛应用。现代复合木结构建筑如雨后春笋般不断涌现，它们不仅具有优良的装饰性及使用性能，还能消除有害气体污染，净化室内空气，有利于人体健康。例如，绿色纸基壁纸和布基壁纸具有美观、装饰效果好、透气性好、易施工、黏结力强、不开裂等特点。遇火燃烧时，产生的是二氧化碳和水蒸气，对人体无害。抗菌装饰材料制品（如抗菌玻璃、抗菌卫生陶瓷、抗菌釉面砖）也深受人们欢迎。

综上所述，绿色装饰材料已成为绿色建筑发展强有力的支撑。绿色设计的理念，从不同程度上反映了人们对于经济发展引起的环境及生态破坏的反思，同时也体现了人们越来越关注环境艺术设计的未来发展之路。如何让环境艺术设计持久、健康地发展下去，已成为环境艺术设计研究的重要课题。

（三）材料的解构与重构

在环境艺术设计中对材料的应用对于环境空间设计起着十分重要的作用。我们知道，不同的材料会有不同的特性、质感、光泽、肌理，它能产生不同的视觉语言；各种材料的色彩、质感、触感、光泽、耐久性等性能的正确运用，将会在很大程度上影响整体空间环境。

1.材料的解构与重构在环境艺术设计中的运用

在当代，越来越多的设计师希望材料具备复杂的性质和特征，从而完成设计师所要创造的真实世界，通过对材料的解构与重构实现与真实世界互动的最终愿望无疑具有可行性。材料的解构与重构表现在以下几个方面。

（1）运用图案和肌理进行材料的重构。科学技术，尤其是数字技术的发展对于我们理解和感受世界最明显的影响是视觉法则的变化。一方面，我们观察和理解事物的基础受到影响，另一方面这些不稳定因素模糊了抽象和具象的界限。正是因为图案和肌理在一定程度上消除了抽象和具象的距离，所以图案和肌理在设计中的大量使用，不仅是源于环境艺术设计师对于人的视觉感受的考虑，而是暗示着人们对于物质世界新的态度。

肌理一般是通过人们的视觉和触觉来感知的，所以，一般肌理分为以视觉为主导感知物质材料表面质感的视觉优先型肌理和以靠触摸感知物质材料表面质感的触觉优先型肌理。肌理不是独立存在的，它属于造型的细部处理，是形体表面的组织构造，对造型起到重要作用，如可以增强形态的立体感，可以丰富立体形态的表情，消除单调感；还可以作为形态的语义符号，表现不同的情感和传达不同的信息等。

(2) 结合传统装饰元素进行重构。现代设计衍生于蓬勃发展的工业化时代，它提倡工业化、标准化、机械化，主张淋漓尽致地发挥新技术、新材料和新工艺。但在设计逐渐走向国际化风格的同时，人们开始意识到民族、地域文化的重要性，使得那些蕴含传统文化内涵的设计又获得了新的生命力。

(3) 解构—转换。即通过某种特定的手法，使某种材料的视觉感知转换为另外一种感知，如某酒店大堂背景玻璃的做法，采用皮影戏的手法，将枯枝的影像投射到玻璃上，实际上减弱了玻璃的材质特征，转而达到绘画的效果，形成另外一种感知。在我们的传统文化艺术中，有很多经典的艺术表现形式，如剪影、篆刻等。在环境艺术设计中，可通过对这些表现形式和其暗含的地域精神进行解构，然后结合现代材料的表现来完成形式语言的转化。这就要求我们既要对传统艺术表现出的形式感进行提炼，又要对传统艺术样式所蕴含的精神加以挖掘。

2.解构与重构对材料的要求

在材料的解构与重构过程中只有对材料进行全方位的了解，在运用时才能得心应手。

第一，充分了解材料的特性。掌握其物理化学性质与视觉性质。物理化学性质包括吸水性、透光性、反光性、抗裂性等。视觉性质包括视觉上的气质印象，或温和或冷峻，或亲切或时尚等。

第二，了解材料与其他介质发生关系时所产生的变化以及产生的新的视觉效果，如阳光、灯光和水分等。例如，一块石子不带有透光性，但把它堆砌到一起，中间的缝隙就与阳光这个介质发生了关系，产生光波粼粼的视觉效果。

第三，用新的方式重新定义与组织材料，这与新的施工方式密不可分。一种相同材料可有十几种甚至更多种不同的构成方式来组织它。用新的构成方式来组织材料就能得到新的面孔。随着新型材料的不断出现，在现代环境艺术设计中无论是室内空间设计，还是公共空间设计都注重传统材料与新型材料的合理搭配，从而打破局限性、拘谨感。

在运用解构手法的环境艺术设计作品中，物质不仅脱离了空间的制约，也使物质成为独立的元素。一方面，表现在对传统材料的挖掘和运用上。在这个新技术层出不穷的时代，许多设计延续了传统的装饰手法，开始以一种新的形式进行利用。材料有双重属性：一是其自身物质属性；二是其文化价值，对于材料文化价值的挖掘往往体现出某种审美取向。由于地域和民族的差异，不同的材料体系形成不同的建筑文化特征和符号意义。利用材料蕴含的文化内涵来营造特殊的空间效果，可以表达设计者的创作价值和精神观念以及相应作品的外显气质，并在某种程度上传达一种特殊信息和意义。另一方面，设计师们受建筑师赖特《流水别墅》和解构理念的影响。每座别墅的建筑结构和构成形态都巧妙地融入自然环境中，同时也表明了设计师对环境的重视和强烈的个人表现。别墅的外观设计延伸到室内设计，从而形成了一个整体的设计要素呈现：通透的大玻璃窗，既有良好的采光，又使室内主人仿佛置身于自然环境之中，同时又具有中国古典园林中“借景生情”的意境。

国际一体化进程的加剧，促进了中西在环境空间认知方面的融合，不同地域背景下的设计师，都以开放的姿态重新构筑自身的环境空间设计语言，进一步拓展了环境空间的概念。他们在空间的解构与重构的具体方法中都积极从实体空间、虚空间两方面展开探索，且从两者的冲突、融合中寻求空间方式新的表现语言。

三、环境艺术设计程序

随着现代装饰材料与施工技术的发展，室内外装饰在环境艺术的综合造价中的比重越来越大，其设计也更趋于配套化和系统化。环境艺术设计的概念早已从单纯的界面装饰发展到内容广泛的综合性功能与造型设计。

环境艺术设计囊括了客观对象（设计课题性质、要求）各个方面的调查研究。需要设计师具有全面的知识、多方面的修养、丰富的社会知识、创造性思维能力、灵活有效的工作方式以及理论与实际结合的、丰富的实际操作经验。同时，环境艺术设计不只是装饰设计，在更大程度上指的是环境的整体设计——室内外环境、空间的总体构思与安排。环境艺术设计的实质和核心是在人文和社会意义上的环境艺术再创造。

设计程序是为设计工作的开展规定的途径，也是解决设计工作问题的程序过程。其流程由设计过程中的各个序列组成，设计实践证明，要做好一项设计，事先就必须有一个计划的执行程序，这样才能使设计工作的进展有条不紊，步步为营，深入进行下去。

设计程序指一个设计项目从启动到结束的全部工作进展的安排程序。程序，即过程的顺序，准确地说应该是依照顺序排列的多个过程，是一种方法论的描述。其中所包含的各个阶段的工作步骤是程序的关键环节。由于设计所涉及的内容与范畴极为广泛，其设计程序的复杂性相差也较大，因而进行的程序也各不相同。但总体来说，在所有设计项目的进展过程中，需要逐步归纳出一些相对一致的设计程序。比如，设计信息收集、整理与分析、设计理念确定、设计方案定位与设计推进方式（包括概念产品市场定位、消费者定位、产品设计与生产及销售定位等）、设计方案的选择与优化，直至完成设计。围绕设计程序的制定，又有多种程序模式。例如，线性模式是沿着准备、进入、深入再到发展，直至评价、实施、反馈等程序环节；循环模式是从发现、整合，再到综合评估、修正与提高等程序环节；螺旋模式依次为形成、发展、转移和反馈，当一轮设计结束后，新一轮设计又将开始，形成螺旋式的发展模式。其实，设计程序总是表现出一种流程性质，这就是设计程序的基本特点。

设计程序的进展，一般是从最初的酝酿、可行性研究，到设计方案选择与落实、组织实施、试制投产、验收交付等阶段。各个阶段的工作内容及应遵循的先后次序均有相应的规定要求。尤其是设计程序所涉及的面很广，完成一项设计需要多方密切协作与配合。其中，有些工作内容是前后衔接的，有些是互相交叉的，有些则是同步进行的。所有这些工作必须纳入统一的程序轨道，遵照统一的步调和次序，有条不紊地按预定计划完成设计任务，并迅速形成生产能力，取得使用效益。

具体来说，设计程序的各个进展阶段大致可归纳为提出问题、目标定位、资料收集（社会调查）、现状比对、综合思考、方案选择和评价、展开设计与设计实施和监督。各阶段内容具体如下：①提出问题——根据客户的要求及市场需求，提出相应的设计问题，主要是围绕设计策划、设计实施以及设计任务分解等进行讨论所获得的问题。②目标定位——根据提出的问题，通过比对和验证，进行选择性的目标定位。③资料收集（社会调查）——根据目标定位，有选择地进行资料收集或开展社会调查，充分采集设计项目的相关资料，为全面设计奠定基础。④现状比对——主要是针对同质产品的现状、功能、造型及市场营销策略进行比较分析。⑤综合思考——在设计之前需要考虑三个要素问题，即用户、技术、品牌。这些是设计师需要具备的综合知识和综合思考能力所涉及的范围，也是设计师主动思考和综合考虑的相关环节。⑥方案选择和评价——在进行方案选择时，按照市场调研程序，发现市场、寻找空间、预测市场需求和分析判断投资成本等，为设计可行性研究提供基础信息。而评价主要是根据设计的各项技术指标，采用适宜的科学方法，对项目方案进行评价比较，分析不同方案的优缺点，提出改进建议。⑦展开设计——在方案确定后展开的精致化设计，以确保设计的完整性。⑧设计实施和监督——实施是指设计的有效实施过程，监督指依据相关规定和技术参数及其他有关材料，进行设计管理与控制。

四、环境艺术设计决策与管理

（一）设计决策

1.设计决策的概念

设计决策主要指针对设计工作的开展作出的决定或选择，尤其是通过分析、比较，在若干种可供选择的方案中选定最佳方案的过程，是设计方案制定的依据，也是确定设计目标的开始。此外，对设计决策的概念界定还有三种理解：一是把设计决策看作一个包括提出问题、确立目标、设计和选择方案的过程，这是广义的理解；二是把设计决策看作从几种备选的实施方案中选出最优方案，是由决策者决定的，这是狭义的理解；三是对不确定条件下的设计工作所作的处理决定，这类处理决定既无先例，又无规律可循，作出选择时需要冒一定的风险。

其实，设计决策是一项系统工程，不是简单地一言以蔽之的概念。比如，决策还会涉及预测的相关问题，因为这是为决策服务的先决条件。预测通常贯穿于决策的全过程，预测注重对客观事物的科学分析，决策侧重对有利时机和目标的科学选择；预测强调客观分析，决策突出人的主观性；预测是决策科学化的前提，决策是预测的服务对象

决策的有效性，总的来说，一是明确“是什么”的问题，即设计决策“是什么”，这是首先要解决的问题，也是决策所包含的全部问题的实质之所在，更是实现决策全部可能性之所在；二是解决“为什么”的问题，就是把设计中关系到各种利益的问题集中起来考虑，在科学决策过程中，以此作为参照，形成决策方案执行的可行性，使决策的可信度提高；三是解决“怎么办”的问题，以此解决设计过程中的种种问题，并力求细化、量化，而不是抽象、笼统，从而有效地克服主观随意性。

事实上，能够认识和处理好这三个问题，就是对设计决策概念的正确理解。因此，设计决策具有管理科学的核心内容，关系到管理的绩效，是管理者主要职责的体现。

2.设计决策的推动过程

一般来说，决策过程是思维活动的发展过程。思维的合理性，直接关系到决策过程的科学性，而逻辑正是指导人们进行合理思考的有效工具，科学的决策过程是与逻辑思维密切相关的。依照这一原理，设计决策的推动过程，同样是致力于逻辑与决策过程的融合，体现出逻辑规律和方法。也就是说，设计决策过程的逻辑运用，就像前面提到的三个问题，其要旨在于把握问题、分析问题与解决问题。决策始于认识问题，问题是管理决策的起点，正是有了问题的存在，才有决策的必要。认识问题是进行科学决策的首要前提，而正确运用一定的逻辑方法是使人们全面有效地认识问题的有力保证。这里有分析与综合、归纳与演绎以及抽象与具体的逻辑方法在认识问题中的应用，即确定目标的逻辑，是整个设计决策过程的方向，它贯穿于整个决策过程；拟定备选方案和评选备选方案，是设计决策依据逻辑判断进行的选择途径。设计决策的具体推动过程可以归纳为如下几个方面。

（1）确定设计决策的目标。这是指在一定外部环境和内部环境条件下，在市场调查和研究的基础上所预测达到的结果。设计决策目标是根据所要解决的问题来确定的。因此，必须把握所要解决问题的关键。只有明确了决策目标，才能避免设计决策的失误。

（2）拟定设计备选方案。这是设计决策目标确定以后的推进过程，是围绕目标拟定的各种备选方案。拟定设计备选方案的第一步是分析和研究目标实现的外部因素和内部条件、积极因素和消极因素，以及决策事务未来的发展趋势；第二步是在此基础上，将外部环境各种不利因素和有利因素、内部业务活动的有利条件和不利条件等，同决策目标的未来趋势和发展状况进行排列组合，拟定实现目标的方案；第三步是将这些方案同目标要求进行粗略的分析对比，权衡利弊，从中选择若干个利多弊少的可行方案，供进一步评估和决策。

（3）评价备选方案。当多种方案拟定以后，随之对备选方案进行评价，评价标准是判断哪个方案最有利于达到决策目标。评价方法通常有三种：经验判断法、数学分析法和试验法。

（4）选择方案。对各种设计备选方案进行总体权衡后，由决策者选出最好的方案。由此可见，设计决策的推动过程是利用系统科学、管理科学、行为科学和经济学等学科进行综合探讨的活动，是以各学科知识的综合体，对不同层次和不同尺度的社会系统中的组织、管理和决策问题进行综合研究后形成的推动。

2010年上海世界博览会最大的单体工程——“一轴四馆”之一的“世博轴”工程，在前期设计方案的决策推动过程中，就十分注重“世博轴”工程运营的便捷性。设计前期，主办者花费了大量时间进行实地推演论证，并组织各方面专家对设计方案进行细致的评估，甚至通过计算机的多次模拟演示来求证设计方案的可行性。真正做到评价方法的“三通过”原则，即经验判断法、数学分析法和试验法的论证通过。根据设计前期的调查，“世博轴”工程在环保的生态系统建设上提出了新颖独特的设计主张，即首次采用阳光谷结构的建筑形式。在“世博轴”入口及中部沿纵向设置了六个标志，在特征明显的巨型圆锥状阳光谷结构中，自然光可以透过阳光谷玻璃倾泻入内，既满足了部分地下空间的采光、通风的需求，提升了地下空间的舒适感，又节约了大量能源。另外，“世博轴”工程还采用了生态设计理念，通过阳光谷及下沉式草坡将绿色和阳光引入各层空间，开创了地下空间开发利用的新模式。

（二）设计管理

设计管理是完成设计合作计划的核心环节，它是运转设计资源的一整套实施体系。总而言之，设计管理是融合市场决策与运营的各种方式方法，是一项具有战略意义的企划组织过程，是用来实现组织目标并创造有生命力的设计成果的措施。

设计管理既是完成全部设计计划的统筹环节，具有运转设计资源的一整套知识体系，包括设计计划、组织系统、设计人员、评估环节及机制等，设计管理又是一项设计活动的程序。同时，设计管理也是一种管理的战略工具，统筹管理者、设计师和专家的知识结构，来实现组织目标。具体而言，设计管理旨在有组织地通过创造性及合理性的工作环节去完成组织战略，并最终为促进设计的市场化作出贡献。设计师处于设计管理的核心位置，可以理解为内部核心资源。设计师周围围绕的是设计、客户、文化和市场，这些属于设计管理的外围资源。因此，设计管理实际上就是以设计师为核心，并协调其与设计、客户、文化和市场关系的行为系统。

目前，国际上给设计管理所下的定义：项目经理为了实现共同目标，对现有的可利用的设计资源进行有效的调用。这是国际设计管理界较为推崇的一个关于设计管理的观点。依此，可将其看法归纳为如下几条。

一是目标。完成既定的设计计划，使设计价值最大化。

二是方式。计划（项目）、组织（结构）、协调（资源）、控制（进程）、评估（绩效）。

三是内容。协调设计资源，管理设计过程中的财务。

四是标准。设计管理的最高境界，就是让所有的问题在当时的环境下得到圆满解决。

五是问题。容易与品牌管理、商业管理混淆，故针对性必须明确。

1.设计管理的能力培养

设计管理的能力培养，直接影响设计师创造与创新素质的提升。因为设计管理所涉及的面十分广泛，既有就产品与生产、设计等相关领域的协调，又要与设计师就创新方面的内容进行沟通，以及了解与设计相关的各种法律保护等。具体而言，设计管理的能力培养主要围绕以下六项：①拟定设计策略的能力；②决定设计政策的能力；③撰写设计方案的能力；④监督与控制设计方案进度的能力；⑤界定、分析设计问题，评估设计资讯及评价研究方法的能力；⑥选择设计师及围绕设计内容展开工作的能力等。

总而言之，设计管理的能力培养，突出在设计企划、设计组织，设计控制与设计执行管理等方面。

实际上，由此可以引出设计管理的另一方面的内容——设计管理的过程。在设计管理的过程中，每一种能力的培养正好对应设计管理的一个方面，即设计计划、设计组织、设计监督和设计控制。

设计计划。为整个项目确立最终目标和项目过程设计（拟定设计策略的能力、撰写设计方案的能力）。

设计组织。为项目确定行为主体（选择设计师及围绕设计内容展开工作的能力）。

设计监督。包含评价和督促两个方面（界定、分析设计问题，评估设计资讯及评价研究方法的能力）。

设计控制。注重整个设计活动的进程，以及是否和项目的目标保持一致（决定设计政策的能力、监督与控制设计方案进度的能力）。

在设计管理的实际执行中，这四个部分总是相辅相成的。设计计划是最早被提出来的，它将贯穿项目始终。设计组织在设计计划中被提出，然后实施，一般来说需要具有一定的稳定性，以保证项目的一致性。设计监督和设计控制从项目确立的时候就同步开始，以保证项目不偏离既定的路线。

2.设计管理的价值确认

在确认设计管理是否具有价值之前，需要认识什么是“好设计”。因为无论对于设计师还是设计管理者来说，都需要明确介入设计管理的一个重要前提，即如何做“好设计”。当然，在不同层次和不同人群中，“好设计”有着不同的衡量标准。

通俗意义上的“好设计”，就是好的设想与好的计划。关于“好”的界定是什么呢？这是关于“好设计”的价值评判，其基本点是“利益”，分别为企业或设计事务所的利益、客户的利益、社会整体的利益，这些利益的交汇点就是影响设计管理的重要因素。“好设计”就是设计管理平衡了设计师、客户与社会利益的设计。相对“利益说”，更为突出的应该是设计管理中的商业价值。“为什么一个好的设计师开办工作室，或开办公司并不一定能赚钱?”这是因为设计的好坏不在于设计本身，而在于设计管理。如何让设计师的工作更有价值，怎样让不懂设计的人理解设计，这是极为重要的事情，也是设计管理的价值所在。

如今，市场竞争力大，企业如何在同行中突围而出，除了在市场销售方面要有创新外，产品也应具有独特的创新性，能吸引消费者的目光。这需要设计师在深刻了解消费者需求并掌握市场运营规律后，对产品进行有效设计，只有这样，才能使产品既有卖点又符合消费者需求，企业才能实现其商业价值。而对产品与消费者和市场的关系把握，则是设计管理的中心环节。设计管理可以提升体验多样性，进而促进设计获得显著成效，推动设计战略目标、理念与发展方向的落实，从而科学地把企业推向时代的前端。

由此看来，在设计管理的价值中，每一个设计项目不是单靠某个设计师就能完成的，每个成员都扮演着不同的角色，承担不同的任务，每个人都要尽其职责做好自己的事，但又不可忽略沟通和协作。每个人都可能在工作中出现一些难以解决的问题，这需要大家沟通交流并协作解决，只有这样，才能使团队的目标更明确，才能在团队中建立良好的人际关系，才能有助于问题的解决，才能使设计水平得到进一步提升，为企业创造更大的价值。

3.设计程序的流程管理

设计程序的流程管理，是针对整个设计过程制定的管理规则。其突出特点是将设计项目中先后衔接的各个阶段视为整体项目管理流程。管理流程一般包括五个部分：项目启动、项目计划、项目实施及控制、项目收尾和项目后续维护。在管理流程中，每个阶段都有自己的起止范围，有本阶段的管理内容和管理规程。同时，每个阶段都有本阶段的控制环节，即完成工作的相应指标以及进入下一阶段的重要提示等。每个阶段完成时一定要通过本阶段的控制环节，才能进入下一阶段的工作，这是形成流程管理的基本特点和要素。

(1) 项目启动。在设计项目管理过程中，启动阶段是新项目过程的开始。项目启动时必须了解设计企业或部门的内部组织系统在目前和未来主要业务的发展方向，这些主要业务将使用什么技术及具有什么样的工作条件。项目启动的理由很多，但能够使项目成功的最合理的理由，一定能为设计企业现有业务提供更好的运行平台。

（2）项目计划。在项目管理过程中，计划的编制是最复杂的阶段，项目计划工作涉及多个项目管理知识领域。在计划编制的过程中，可以了解后面各个阶段的设计规划。在计划制定出来之后，项目的实施阶段将严格按照计划进行控制。

（3）项目实施及控制。项目实施阶段是占用大量资源的阶段，这一阶段必须按照项目计划采取必要的活动来完成各项任务。在实施阶段中，项目经理应将项目按设计要求和技术类别或按各部分的功能，分成不同的子项目，由项目团队中的不同成员来完成各个子项目的工作。在项目开始之前，项目经理向参加项目的成员明确任务，并规定其要完成的设计内容、设计进度、设计质量标准、项目范围等与项目有关的内容。

（4）项目收尾。项目的收尾过程意味着整个项目的阶段性结束，即项目的关系人对项目成果的正式接收。其间包含所有可交付成果的完成，如项目各阶段产生的图纸、生产工序、项目管理过程中的文档、与项目有关的各种记录等，同时通过项目审计。项目的收尾阶段是一个很重要的阶段。项目收尾时还有一项重要事情，就是要对本项目作一个全面的总结，这个总结不仅是对本项目的全面总结，同时，也为今后的项目提供借鉴。

（5）项目后续维护。在项目收尾阶段结束后，项目将进入维护期。项目后续维护阶段是项目产生效益的阶段。在项目的维护期内，整个项目的运转需要维护期的设计师对整个项目系统进行正常的维护。

一般着手室内设计操作时，都是在土建基本完成或将完成时即开始内部设计。当然，能在设计的施工图绘制期间与设计方共同进行各类型房、室、廊、厅等的室内空间构成进行设计，最理想也最经济。

第二节 环境艺术设计前期工作

一、设计前期需要掌握的基本内容

（一）环境艺术设计的制约因素

环境艺术设计的范围十分广泛，所以在设计中需要认真研究的制约因素有很多，归纳起来，这些因素可以分为三个部分：其一，是城市规划和相关法律规范，这是进行环境艺术设计的前提条件；其二，是设计任务的具体要求，这是环境艺术设计的直接依据；其三，是基地的条件，这是环境艺术设计的客观基础。

1. 环境艺术设计的前提条件——城市规划和相关法律规范

所谓的前提条件，即它们是先于具体的项目和设计而存在的，而规范多是从基本的功能、安全和卫生等方面对设计所提出的具体要求，目的是保障使用者各方面的基本需求可以在设计中得到满足，为设计提供一个最基本的要求和最低的标准。其中，城市规划对用地性质、用地范围、用地强度等作了相关的规定，而相关的规定也对具体的环境情况作了具体的要求，比如城市规则中对绿化率的要求、残疾人规范中对残疾人设施的要求等。

2. 环境艺术设计的直接依据——设计任务的具体要求

设计任务的具体要求是环境艺术设计的直接依据。设计的每一步推进都是在设计目标的指引下对具体要求的落实。一个未充分满足设计任务要求却实施了的设计，将会给使用者造成这样或那样的实际困难，所以对设计任务的具体要求在设计中要尽可能周到、细致、全面地进行考虑，并认真落实。对设计任务的把握，可以从三个方面入手：即项目的内容、项目的性质和项目的使用者，对于这三个方面的认识要看到它们的相互决定关系。

第一，项目的内容有两大类：一类是有直接功能的，如建筑物、运动场地等；另一类是为了辅助这些功能的实现而具备的，如绿地、水体。

第二，项目的性质是一种抽象性的要素，是设计任务的背景要求。背景的特点对设计的影响渗透到各个方面和各个层次，但概括起来可分为项目所属类型的共同性质和个体的特殊性质两个层次。项目的类型属性是由它的基本功能决定的，环境艺术设计应对项目的类型属性有所反映和表达，这是非常必要的。例如，文化类景观会有较高的文化品位，社会性项目会重视精神层次的效果，重视内涵和寓意的表达，会有庄重感和严肃性。项目的个体特性则是项目性质的微观表现。[①]

第三，项目的使用者也就是它的服务对象，是任务的一个重要侧面，主要看人群的构成和使用者的行为要求。能否满足使用者的要求，是评价一个设计的基本条件。所以，我们在设计中要充分地考虑使用者对设计项目的要求，这是关系设计成败的一个重要方面。

3.环境艺术设计的客观基础——基地的条件

基地的条件，诸如地形、地质状况、周围建筑等都是客观存在的，不会按照设计者的意志而转移，因此这一基础具有客观性。基地条件可分为自然条件和人工条件。自然条件表现在地形和地貌、地质和水文、气候和小气候三个方面，而人工条件主要表现在基地周围的建筑人文景观和基地内的建筑物及构筑物两个方面。

（二）图纸的识别

1.地形图的识别

反映实际地貌、地物的图纸叫地形图。地形图是按照一定比例关系把地面上的地物和地貌绘制在平面上。地形图常用坐标系来控制地物、地貌的平面位置，用标高和等高线来表示地势的起伏状况。设计师要学会识别各种地形图所代表的确切含义。

2.建筑图的识别

建筑图是为表达建筑物所绘制的图纸，主要包括建筑总平面图、建筑平面图、建筑立面图、建筑剖面图及建筑节点详图等。学会识别各种建筑图纸，充分了解建筑图纸的空间含义也是环境艺术设计必需的要求之一。

3.场地规划图的识别

场地规划图是表达场地设计用的图纸，主要表达场地内的道路、铺地、绿化、建筑及各种辅助设施和管线敷设等。

①刘应超.低碳理念下的环境艺术设计思路探究[J].上海包装，2023（07）：21-23.

（三）环境艺术设计的表现

1.平面图的表现

平面图应该准确表达设计的有关内容，包括基地内的建筑、道路、绿化、水体、铺地、小品、设施、雕塑等的位置以及它们之间的相互关系和地面高度的变化，它与场地设计图很相似，但更为详尽一些。

2.剖面图的表现

剖面图应该表达基地在竖向上的道路、台地、坡地等起伏变化。

3.透视效果图的表现

人们透过一个设想的、透视的平面视物，其视点与物体之间的直线在平面上留下视线穿透点，其穿透点的连线就是三维空间中物体的平面成像。用这种方法在平面上得到相对稳定的两面空间立体形象，这就是透视图，它能再现设计师的构想。

4.电脑综合处理表现

电脑综合处理表现是近几年兴起的一门综合艺术，它的发展非常迅速，而且效率很高，尤其在虚拟现实方面有其独特的优势，而且有向三维动画和多媒体方向发展的趋势，需要一定的计算机知识。

二、设计前期工作的程序

（一）熟悉任务书

任务书是环境建设方提出的对设计的具体要求，所以充分研究任务书的各项要求，了解建设方的设计意图是设计成败的关键一步。主要需了解的内容有建设规模、性质、造价等各种要求。

（二）收集相关资料

充分了解基地的用地以及周围现状，各种水文地质资料以及研究以往在类似项目上的成功经验，也是设计成功的保证之一。

（三）基地踏勘

基地踏勘就是在熟悉了基地图纸的前提下，对基地进行现场踏勘，以对基地有一个整体的认识，这是设计的一个必要环节。

（四）总体构思

总体构思主要解决两个方面的问题：各组成元素形态的确定和各元素之

间组织关系的确定。这是整体的设计，是控制主要内容的基本形态，一般需要确定以下内容。

1. 整体立意

环境艺术设计是一种有形有色，甚至有声有味的立体空间塑造，因此更加需要意境。传统环境艺术立意着重意境的创造，寓情于景，情景交融。而现代立意则强调多元的文化。

2. 场地区划

它是环境布局的起点，如果说环境布局是为整个设计确立一个大的基本框架，那么，场地区划则是为环境布局确立了一个基本框架，场地区划可以从基地利用和内容组织两个角度考虑。正确使用基地，发挥基地的最大效用是环境设计的根本目标，宜采用均衡或集中的方式布置。一般分区的依据是功能特性，诸如闹与静、洁与污、公共与私密、景观要求的高与低，等等。而分区的形态则包括各区域的分划状态和相互之间的关系。

3. 实体布局

首先要说明的是此处的实体指场地内的建筑物和构筑物，一般情况下它们都有明确的体量，主要是相对于广场、绿化而言的。

实体布局与基地：当比例悬殊时，应该选择在基地内适中的位置；比例适中时，可以布置在基地中央、一侧或边角；而比例相近时，应该尽量靠基地一侧。

4. 交通安排

流线系统的组织：可以采用合流和分流两种类型，组织方式有尽端式和通过式两种方式。

停车系统的组织：可以采用集中和分散两种形式，位置在边角较为有利。

5. 绿地配置

基本形式有边缘绿地、独立绿地、集中绿地三种。

第三节 环境艺术设计详细设计过程

一、详细设计的基本任务

详细设计阶段是环境艺术设计的第二大步骤，如果说前一阶段是一个基本框架，那么这一阶段则是对前一阶段的充实和发展。所以本阶段是设计中的重要阶段，它的中心任务是使方案深化和具体落实，其具体表现为：①确定分区的具体形态；②确定基地内道路的布置；③确定实体体量和造型；④确定绿化和水体的布置；⑤确立各竖向设计标高；⑥确立各种设施的布置和细部设计；⑦考虑各种管线的敷设；⑧考虑夜景照明的设计；⑨考虑水资源的重复利用。

二、设计的基本手法

（一）实形态的设计手法

这里的实形态是指有形的环境，即对我们肉眼能直接识别的所有环境物体的统称，是构成环境的所有物质元素，而且包括我们在设计中不能直接把握的天空、云彩、山体等，所以实形态是我们设计时需要直接关注的实体。

1.建筑环境艺术设计

在大量的环境艺术设计中，往往在基地的周围和基地内有建筑物存在，而且它们一般体积较大，对环境影响也很大，有的甚至作为环境的主体而存在。环境艺术设计对建筑物的处理主要体现在以下几个方面：①建筑物的因素。面对已经存在的基地内或基地周围的建筑物，我们应该积极地对待它，变不利为有利，就像我国传统建筑中的造景手法那样。②建筑轮廓。随着现代城市的发展，高楼林立，城市的轮廓线发生了很大的变化，在环境艺术设计中把握建筑物的动势和轮廓变化，学会辩证地看待形与形之间的关系，强调以形制形。③建筑的协调。建筑的体量很大，所以如何统一谐调就是一个很重要的问题，一般来说，可以通过向心来达到统一谐调，也可以通过共同的体形来求得统一谐调，当然也可以通过风格的统一来获得协调一致。④围合。当利用建筑物对空间进行围合时，不要使之完全隔断，而是有意识地通过处理，使各部分空间保持适当的连通，这样空间之间相互因借，彼此渗透，从而极大地丰富了空间的层次。

2.绿化设计

绿色植物不仅是美化环境的手段，同时还有多种用途，如遮阳、隔音、清洁空气等。用植物组织来绿化视线，分制与联系空间，或起到保护环境的作用，或发挥隐蔽、导引方向的作用，有时还可以用大树或代表某种特殊含义的植物做特殊的标志。绿色植物用作陪衬建筑的装饰时，既可以辅助建筑围合空间，也可以做道路的装饰，还可以做成室外的房间，造成一种人为与天然环境之间的过渡。

第一，树种的选择。不同特点的环境，需要有其特色的树种来配合，就像看到椰树会想到南方，看到大白杨会想到北方一样。所以了解常用树种的特性，会对我们的设计有很大的帮助。

第二，树形的选择。现代环境中，为了合理地配置树木，常常需要把树木修剪成我们需要的形态。①

第三，花坛的形式。在城市环境中，花坛是庭院、公园、广场、道路中不可缺少的组景手段，对点缀景观、突出环境意象有很大的作用。具体有花池、花台、花坛、箱式花坛等几种形式。

第四，草地的种植。用植物覆盖大面积地面，最有效的办法就是培植草坪。所以草地的种植，主要以大面积草坪的培植为主。

3.水体设计

（1）静态水体。静态水体一般利用水面的倒影来丰富空间，处理的重点在于堤岸，通过堤岸的变化，使人们与水体的关系发生联系和变化。

（2）动态水体。动态水体主要表现在利用水的流动性来活化环境，主要的表现形式有喷泉、瀑布、引流等。

（3）参与性水体。远处观水是一种景致，而近处戏水则又是另一番情调。

（4）枯山水。枯山水是来自日本园林的一种做法，它重表意，是自然的浓缩与精炼。还有一种是模拟波纹，即在无水的状态下，利用水的形式做铺地处理，使人们借助其形和词的提示，产生似水的联想。

①李澈.环境艺术设计在建筑设计中的表现与应用[J].居舍，2020（36）：67-68.

4. 广场地面设计

铺装：铺装的重点在于材料的选用和形式的选择。

台地、踏步、坡道：当广场不在同一标高时，就会出现台地，台地的处理使广场在垂直方向上具有了层次感，而标高的变化必须通过踏步来实现。

5. 设施、小品设计

雕塑：雕塑是造型艺术，是城市环境艺术中的重要组成内容。现代雕塑是将时代、社会、生活、艺术、技术和大众情感融于一体，所以它更具有时代性特征，更符合时代的主旋律。不论抽象或具象的雕塑均有艺术造型的问题，都有以下特征：量感、力度感、动感、夸张变形、象征性。

服务性设施：像邮筒、电话亭、自动售货机、座椅、饮水器、健身器、垃圾箱等服务性设施的设计，一般要考虑其实用功能和它在环境中的艺术效果。

游戏设施：游戏和娱乐是人们生活中不可缺少的内容。游戏设施主要为儿童进行户外活动之用，而娱乐设施是人们可以共同参与使用的娱乐和游戏性设施。

无障碍设施：指为残疾人服务的专用设施，主要包括残疾人步道、坡道、公厕等设施。该类设施主要考虑满足视觉障碍和行动不便者的使用。

实用性小品：如公厕、服务亭、候车廊等实用性小品的设计应该满足其简单功能和体现其生活窗口的作用。

（二）非实形态的设计手法

非实形态是相对于实形态而言，主要是指无法直接控制的但又确实对环境有很大影响的元素。

1. 环境介质

（1）气象。气象对环境的影响是非常大的，所以我们在设计时要充分考虑气象对环境的影响。比如树种的选择要考虑其四季的变化，避免环境内的所有植物的周期都一样，另外要考虑雨水对场地和植被的影响，还要考虑主要环境设计的小气候等。

（2）地貌、地形。地貌、地形对设计有制约，但利用得好也会成为特色。合理利用地貌、地形，减少工程量，变废为宝，是设计的目标之一。

2.环境情感

人性：环境设计是为人类服务的，所以在具体的设计中，要充分考虑人体工程学和人的活动。

社会文化：环境具有社会属性，在设计时要考虑人的社会交往功能和设计的文化属性。

3.环境秩序

主从：一切构图要素的各组成部分都存在着主和从的关系，因为有主有从才会更好地建立秩序。

序列：环境是一个包含时间维度在内的四维空间艺术，所以在环境艺术设计时要考虑步移景换和流线的控制，注意形成一个好的空间序列。

三、设计成果的控制

（一）成果的评判

环境艺术设计成果的评判是一个复杂的综合性过程，主要分为两部分。

1.不可度量指标

不可度量指标主要包括：①亲近性。指环境格局的清晰度和便于人们使用的程度。②视觉趣味。指环境的美学品质给人的视觉体验，评价的因素有尺度、比例、韵律、和谐等。③可识别性。指环境的方位感和指认感，评价的因素有自明性和场所感。④活力。指环境生活中的运动感和兴奋感，空间的大小、功能、位置等。

2.可度量指标

可度量指标主要包括：①基地容积率，指基地内建筑量与基地面积的比值。②基地绿化率，指基地内绿化面积与基地面积的比值。③交通效率，指基地的安全性、可进入性和绕行程度。④噪声控制，指基地的噪声来源控制。⑤投资控制，指投资成本和运营成本。

（二）多方案的比较

在进行设计工作时，一般要求我们从多角度考虑，进行多方案的设计，以便选出最合适的方案，这应该是环境艺术设计的一个工作原则。

第四节 环境艺术设计与施工流程

一、施工图设计的基本要求

施工图设计是把确定的方案进行深化完善，使其能作为施工和造价预算的依据，因此对图纸的要求较为严格，应该满足以下基本要求：①符合国家的相关规范；②符合设计方案的精神；③符合形式美的原则；④符合技术的要求；⑤符合植物特性的要求；⑥符合造价控制的要求。

二、施工图设计方法

（一）节点的设计

节点设计是施工图中表达工程内容具体做法的一种表达手段，它涉及材料、技术、施工工艺等很多东西，比较难以掌握。比较常见的节点有：①地面做法；②花池做法；③水池做法。

（二）新材料的应用

时代发展的速度惊人，材料科学的发展也如此，新材料层出不穷，所以在设计中要时刻关注新材料，在工程实践中应使用比较新的材料。

（三）新技术的应用

技术总是在不断地进步，许多新的技术总在不停地产生，在设计中合理使用新技术，也是我们应该关注的问题。

三、设计成果的评价

（一）项目的评价

这里所说的评价，是指对在建或已经完成的环境设计项目的评价，主要从以下几个方面来考虑。

1.社会效益、经济效益、环境效益的一体化

三者各有定性，但都无法独立实现，是互为条件，互为因果的关系。

2.环境的生态价值

环境质量首先要有利于生存，给予健康的保证，保证人与自然的和谐，控制污染，自然生态价值越高，环境质量也越高。

3.环境的生活意义

环境是人的情绪与情感的调节器，环境要充满生活气息，成为人类喜闻乐见、愿意逗留的生活空间。

4.环境的文化内涵

人与环境的相互作用，是一种创造和被创造的关系，所以环境应该从正面诱导对人产生影响，使人从环境中得到启迪，从中获得满足。

5.环境的再创造和时效

再创造指环境的开放、管理、更新，具有群众参与性，而管理是防止随时间老化的关键。

（二）竣工资料的整理

工程的资料应该长期保留，以便于查找原因，因为在使用中有或多或少的问题。另外有许多管线是埋在地下的，留有图纸才可在检修时准确定位。

（三）设计回访

设计完成后，应该去回访设计的效果，这有利于自身水平的提高和设计能力的提高。

第四章 环境艺术设计快速表现技法训练实践

第一节 基础训练

快速表现技法是现代设计师必须掌握的一门技能，其作品以强烈的感染力向人们传达着设计理念与思想情感。只有通过大量的练习，才能够熟练准确地表达其设计意图，因此快速表现技法的训练极其重要。如果说透视法是手绘快速表现的骨架，那么素描、速写、色彩就是血与肉，同时它们共同构成了快速表现技法必备的技能支撑体系，因此要在平时的学习与训练中进一步对其理解与掌握，并在设计实践中加以创造性的应用，从而发挥它们在快速表现技法中的作用与价值。

一、设计创意与形式

设计创意就是运用创造性的思维解决设计中遇到的问题时，头脑中所迸发出的最具创造性的一种设计意念。一个好的设计创意可以体现设计者的创造性思维和综合专业素养。

设计创意的表现是通过具体的形式来体现的，因此形式是创意的载体，是创意的外在表现，是创意的内在意义与观念，它是一种起到象征性作用的"符号"。

由于快速设计的特点决定了设计创意所表达的形式要具有意向性、概括性与完整性。在表达完整形式的基础上用概括的方法去粗取精，去掉无谓的修饰，集中力量表达主题，只保留最富创意性与表现性的要素并加以强调，从而使形式成为设计创意的闪光点。

（一）构图取景与透视角度的选择

所谓构图（composition），就是处理画面中的各种关系，将各个元素进行合理安排，并在画面中和谐统一地体现出来。

快速设计的表现图与纯绘画艺术一样，都存在取景构图与选择最佳透视角度的问题，它们之间的相同之处在于都必须遵循基本的艺术审美规律。因此，从什么角度去看？采用竖向的构图还是横向的构图，画面的容量应当大一些还是小一些，所画对象应当放在画面中什么位置上，画面整体的疏密关系等一些问题，都是在作画前需要考虑的因素。

1.取景

（1）采用“取景框”取景。“取景框”和照相机的取景器一样，用来取舍所表达的内容和数量，框住你所要描写的部分，去除多余的修饰部分。

取景框的选景范围要适合纸张的大小和比例，用前后移动的方法来选取景物的范围，取景框推远则被描写的物体大而背景少；取景框靠近则物体小而背景多。另外，也可以用双手的拇指和食指反向围合来构成一个长方形的取景方式来取代工具取景。

（2）采用“变焦”法取景。在开阔的空间环境中，也可以采用“变焦”的方法取景，把远处的物体拉近，或把近处的物体推远，这是因为有些物体近看和远看会产生完全不同的感觉。近看时由于视线的角度过大，取景会有明显的透视变形，从而产生比例失调的现象；而远看这个物体，反而会使人感觉比较舒服、协调。因此，要根据实际情况对空间中的物体采用“变焦”的方式进行处理。

（3）“主观”取景。一般情况下，首先要在画面中确立主体，然后根据主体来完成画面中的其他内容，在取景中会发现许多不尽如人意的地方，这就要发挥想象力，不拘泥于现场实景，根据自己对空间的感受和理解来进行取景，使画面达到内容丰富、充实的理想效果。

2.构图技巧

（1）画幅形式的选择。常见的画幅形式有正方形式、竖向式和横向式。正方形式的构图适用于表现高度和宽度相近的空间，使得画面显得大气、沉稳，如哈尔滨圣·尼古拉教堂；竖向构图适用于表现纵深感强、空间尺度较高的场景，这种构图形式使得空间显得挺拔而有气势，如哈尔滨兆麟小学校；横向式构图适用于表现大多数的空间场景，使画面呈现出稳定平稳之感，使空间显得开阔舒展。在实际作画时，应根据画面所要表现的事物本身的特点、空间尺度等因素决定画幅形式，以达到最佳的表现效果。

（2）突出主体。画面有重点必然有非重点，有主体必然有附属物体。主体是画面所要表现的重点，一般占据画面的中心位置，要对此进行细致的刻画，突出光影和材质。而对附属物体的描绘要相对简化，在形体、空间位置、明暗关系上要从属于或衬托于主体。

（3）保持均衡。构图的均衡主要分为对称式均衡和非对称式均衡两种形式。对称式均衡是最简单的一种形式，其均衡的中心在对称轴之上，它会使人产生安定、稳重和庄严肃穆的感觉。但是，对称式均衡一般会使构图略显呆板，因此在对称式的构图中，往往利用流动的人群、车辆和树木等物体打破这种呆板，使画面变得生动、活泼，如奥地利维也纳圣母感恩教堂，某古堡度假庄园设计方案，两者都体现了对称式构图的处理技巧与手法。而非对称式均衡与力学上的杠杆原理相类似，均衡的中心相当于杠杆的“支点”。在这种均衡中虽然左右两边的重量感不相等，但因其距离上的差异而取得均衡感。因此，在考虑画面的构图问题时，要巧妙利用这两种构图形式。

（4）注重形式美。高尔基曾经说过，形式美是“一种能够影响情感和理智的形式，这种形式就是一种力量”。形式美所涉及的内容包括节奏与韵律、对立与统一、疏与密、聚与散、收与放、断与连、对比与调和、整体与局部等多方面因素。在构图艺术中，节奏与韵律是非常关键的一对因素，节奏是美的现象在形式上有规律地重复，韵律是利用有规律的抑、扬、顿、挫而使画面产生的一种变化，使形式产生一定的趣味美。在构图艺术中，我们要时刻注重画面中的形式美感，从而创造空间的和谐、韵律美感。

3.构图中常被忽视的问题

构图取景是组织画面表现形式最基础的部分。总的来说，构图要灵活多变、简洁、含蓄并具有强烈的艺术表现效果。但在实际操作过程中有很多经常强调且重要的因素仍被大家所忽视，因此，以下将结合实例分析一些构图中常被忽略的问题。

构图呆板，画面形式缺乏趣味性，不生动，以致公式化。

没有主体或喧宾夺主，不能掌握所要表现的重点，对于配景的勾画往往过于细致而导致主体不突出，从而破坏画面的完整性和统一性。

透视消失点不正确，导致画面变形、失真。

不注重签名或文字的书写位置。它们也是画面构图中的一个重要的组成元素，因此要将签名合理地布置在画面中，使之与画面融为一个整体。

4.透视角度的选择

透视角度的选择要根据所设计的内容和形式以及空间形态的特征进行。从不同的角度观看同一景物，会产生完全不同的效果。因此，要根据画面所表现的重点，多选择几个角度或视点，勾画出数幅小草稿，从中选择合适的透视角度进行表现。

一个巧妙的透视角度能突出重点且清楚地表达设计者的设计构思。下面分别介绍几种常见的透视角度。

对于左右对称的室内或室外空间场景，一般采用一点或一点变两点透视法进行绘制，这样既能突出对称的效果，又能突出空间的层次感。

在空间层次多或者相互有遮挡的空间场景中，一般采用两点透视法进行绘制，这样的透视角度能突出主体，把空间层次的相互关系表现得更加清晰明了。

当遇到高大而挺拔的建筑或室内空间时，可采用三点透视进行绘制，但要注意避免纵向高度上的灭点离画面太远而产生失真感。

室内透视和室外透视最明显的区别是：室外透视的视点距离不受限制，人可以站在任意远近的地方观看建筑物；而在表现室内透视中，其视点的高度一般取人的视点高度1.5米左右。因此，要针对不同的情况对物体和场景的透视角度进行多方位的选择。

（二）轮廓与透视

轮廓是一张画形成的基础，是对物体的认识和表现的开始，所以要求轮廓不仅要反映出对象各部分的正确位置，还应该反映出对象的基本结构和主要的形体特征。透视的本质是在画面上绘制出立体的物体和空间，即在二维平面上进行三维的表现。

设计构思是通过画面的艺术“形象”来体现的，而对于这个“形象”在画面中的位置、大小、比例、方向的表现是建立在科学的透视规律原则基础之上的，违背透视的原则，画面效果将会失真，从而失去应有的美感。因此，要遵守与掌握透视规律，并应用其法则处理好各种关系，使形体结构准确、真实、严谨。

各行各业都有自己的基本功，对于快速表现技法的训练也不例外，素描是一切造型艺术的基础，它有助于培养人们对物体轮廓与结构的观察能力、空间形态变化的想象能力以及徒手表现的能力。因此，我们要吸收绘画艺术中的精髓，从而更好地把握物体的轮廓与透视。

（三）比例与结构

在图纸上绘制平面图或立面图是通过标注尺寸或是依靠比例的大小而进行识别与确认的。在图纸上对空间物体要素进行表现时，比例关系也同样非常重要。按比例绘图意味着按照一定的比例描写真实物体的大小，由此而决定画面主体物的造型和尺度。形体结构的正确和比例的准确是相互统一的，确定比例关系的方法是从整体到局部，先确定全局的比例关系，然后再确定局部的比例关系。要做到比例准确，就必须运用整体观察、整体比较、整体表现的方法。

认识事物或空间的结构可以从空间中物体的虚实、尺度、方位及光影等诸多方面进行分析、描绘与断定。绘画中的结构素描要求人们在观察形体时忽略物体的光影与色彩，从外形的轮廓入手，寻找与外形有关的结构线，以这些点、线为基准，按照透视变形的规律，从内到外、从基面到空间、从模糊到清晰，在反复的观察与分析中，确立三维空间中的立体形态。由此可以看出，对于结构素描的学习是准确把握物体比例与结构的形式，内容的取舍与重组就是将画面中的各个元素进行合理的组织与安排，将各元素组织在同一幅画面中，使之成为一个有机整体。取舍就是保留画面中重要且突出主体的要素，而对于一些不利于强化主体、不符合总体构思的要素或是琐碎的细节要大胆地舍弃。重组是对画面进行信息的归纳与总结，重新组织画面的形式内容，使之完整和谐。

画面中的主与次、虚与实是两个既对立又统一的概念。在作画时，首先要知道哪些是主要的，哪些是次要的，哪些应给予强调，哪些则需要弱化。画面中所要表现的内容形式一般分为三个层次，即近景、中景、远景。对于近景、中景的物体要用“实”的方法予以表现，而远景只起到陪衬和配景的作用，因此只需勾画出大体的轮廓，用“虚”的手法处理即可，处理好“三景”之间的关系，由浅到深、层层深入，抓住主要的东西，减弱或放弃次要的东西，这样才会使整个画面达到层次清晰、内容丰富的效果。

二、线条的表达

线条是造型艺术最原始的一种表现手段，无论是国内的绘画还是国外的绘画，都充分体现出线条在造型艺术中起到的作用。一根线条可以在艺术家笔下成为震撼人心的艺术作品。然而，要掌握用线的技巧却要经过一个长期而艰苦的练习过程。

（一）线条的分类与利用

线条大致分为水平线、斜线、垂直线、曲线等几种形式。在造型艺术中，线可以有长短、粗细、刚柔、曲直、顿挫、浓淡、虚实之分，不同的线条具有不同的形式美感，如线条的曲直可以表达物体的动与静，线条的虚实可以表达物体的远与近，线条的刚柔可以表达物体的软与硬，线条的疏密可以表达物体在空间中的层次，等等。总之，选择恰当的线条表达形式非常重要，我们要根据不同的对象、质感、光线来组织线条，善于运用不同的线条，来表达不同情感与意境，从而营造出不同的环境氛围。

1.线条的巧妙利用

（1）利用线条的变化表现不同的形体特征。以线条为主的表现特点是形体结构鲜明，画面简洁明快。在作画时要从形体的内在结构入手，抓住形体的本质特征，并通过用线的轻重缓急、抑扬顿挫，用简练的线条勾画出物体的结构和形体的变化。

（2）利用线条的变化表现空间层次感。用浓重、粗犷的线条来表现画面中的主要部分或前景物体，而次要的部分或远处的形体则要用淡雅的、轻细的线条来表现。

（3）利用线条的变化表现不同的质感。不同质感的物体要采用不同的线条加以表达。例如用刚健的线条表现坚硬的物体，用轻柔的线条表现质地柔软的物体，用实线条表现形体明确且表面光滑的物体，用虚线条表现形体模糊、表面粗糙的物体。

（4）通过线条排列的疏密来表现形体之间的关系。当画面中主体物的形体结构比较复杂时，需要用密集的线条加以表现，而其他次要的形体则要用疏散的线条进行表现。如果主体物结构比较简单，需要用疏散的线条进行表现，而周围的形体则需要用密集的线条表现，线条排列就得疏密有致，使画面中形体之间的关系交代得更加清楚。

2.线条的四大特征

（1）两头重、中间轻。这是一种强调起点和终点的线条，它给人以“稳定”之感。有很多线条经常会给人以“飘浮”之感，这是因为用笔时没有把握好线条的起笔、运笔、收笔的环节和要领。

（2）小曲大直。即大的方向是直的，而小的局部则是弯曲的。在线条的起点、终点明确的前提下，中间部分则可以有小的甚至大的弯曲。只有这样，放松的线条才能给人愉悦、给人情感、给人留下深刻的印象。

（3）交点出头。交点出头即线条与线条的交点并不是画得恰好对准，而是形成有意识的交叉出头，以明确交点位置。这样的画线方式可以使得绘图时不必过于关注两线的交点，使得绘图的速度明显提高，整体画面显得大气、潇洒，从而自然形成画面的感染力和视觉的冲击力。

（4）豪放潇洒。只有将线条训练达到很熟练、能够收放自如的时候，才可以达到控制线条的情感的程度，从而使得线条豪放潇洒。

（二）线面结合明暗规律的表现

在实际作画中无论是用单一线条进行表现，还是用单纯的调子表现物体的明暗变化，两者都存在一定的局限性。如单用线条进行描绘，则无法充分表现物体的空间感和体积感，而单纯用明暗的块面进行区分，画面又缺乏生气和韵律感。因此应该采用线面结合明暗规律的手法来表现画面，扬两者之长而避其短，使画面生动活泼，充分表达物体的形状、体积、光感与深浅调子的变化，无论是横竖线条、质感、曲线或是其他形式的线条，都可以通过不同强弱的光源投射到物体上，由这种方式来表达物体的明暗层次。在快速表现技法中，利用明暗调子的深浅变化与线面的结合可以产生更为丰富的表现效果，只有把握住明暗变化的规律，再配以线面结合的技巧才能充分地在画面中表现出物体的形体转折与空间层次关系。

光线照射的远近、角度及物体吸收光线能力的不同等诸多因素的影响，会使物体产生不同的明暗层次。因此无论光线怎样变化，出现在物体上的明暗调子都应始终服从物体的形体结构，而不应因光线的变化而使形体结构产生变化。

三、表现步骤及注意事项

（一）勾画大体轮廓

在进行构图布局的同时，要勾画出物体和空间的大体轮廓，明确所要表现空间的比例与透视关系。

（二）勾画线稿

将所要表达的物体及空间场所全部绘制出来。在这个过程中要注意把握用线的方式与排线的技巧，要注意利用线条的疏密变化、粗细变化来组织画面，善于用不同的线条表达不同形式的物体，从而使画面更加生动、形象，尽可能在此阶段把整个画面中的主体内容表现出来。

（三）局部细致刻画

对于局部的刻画，要尽量一次完成，在刻画局部之前要仔细观察所要表现的对象，确定哪个部分先画、哪个部分后画、哪个物体重些、哪个物体轻些，注意画面中对于近景、中景、远景之间的用色差异。同时还要注意局部与整体之间的关系，以便于更好地把握整个画面层次关系，最终使画面既有整体感又有深入刻画的细节。

（四）画面整体调整

在完成对物体的局部刻画之后，最后就要对画面进行整体的调整与处理，使画面统一在一定的黑白灰基调中，通过对画面关系的调整使各个局部与整体之间的关系更加协调与完整。

第二节 质感训练

快速表现技法贵在以简练、生动的语言来表现对象，而富有视觉冲击力的手绘效果表现图，其是由不同种类材质的物体所组成，因此对画面中物体材质的表现是关键所在，要根据画面的需要将材质准确而细致地表现出来。

一、感光材料质感的表现

（一）不锈钢质感的表现

在实际生活中，我们看到不锈钢表面的材质形式有多种类型，常见的有亮面和拉丝面。画不锈钢就是画不同形状的镜面反射，可以用“点绘”或“线绘”的手法来表现高光及投影，要以简练的色彩和有力的笔触、以强烈的对比和明暗的反差来表现不锈钢金属的特征，即暗部更暗，明部更亮，以便更好地体现不锈钢的光泽质感。在描绘不锈钢材质时要注意以下两点。

第一，高光出现在不锈钢物体的转折处。其高光与反光往往在表面形成曲折的纹路，在各个表面的转折处有很多较亮的白线。在作画之前，可先留出高光的位置，用冷色过渡，然后再用深色系列来表现表面所反射的周围环境。

第二，在表现圆柱或弧形表面的时候可以采用湿接法，在表现出立体效果之后，则重点要强调明暗交界线的暗部与受光的明部。

（二）石材质感的表现

在装饰设计中应用的石材种类很多，一般分为表面平滑和粗糙两种形式，因此对其纹理的掌握与表现，是体现不同石材种类的关键。平滑光洁的石材具有明显的高光，且直接反射灯光与倒影，因此在表现时，先用签字笔或针管笔画一些不规则的纹理和倒影，以表现光洁石材的真实纹理；质地比较粗糙的石材，在其表面产生一种亚光的效果，对于这种石材的表现一般用点绘的方法体现其粗糙的质感效果。

具体表现步骤如下：①线稿勾画完毕，薄涂一层底色，对其底色的选择要用比石材固有色亮的颜色，其涂画颜色时不必均匀、平滑。涂色规律一般是远处较为亮些，近处的颜色基本接近材质本身所固有的颜色。②根据所画石材的光滑度，用深浅变化的笔触沿垂直方向画倒影，倒影要处理得柔和，不要过于生硬。③用小毛笔或彩色铅笔画出石材的天然纹理（对于纹理的表现也可以在勾画墨线的时候进行表现，然后对其上第一遍底色）。用彩色铅笔依据透视方向勾画出石材的分格线，其分格线条要有虚实断续和深浅变化，表现出接缝间的空间厚度。④选择重色系的马克笔将地面统一上色，并结合涂改液做好地面的高光效果。

（三）玻璃质感的表现

透明的玻璃窗由于受光照变化而呈现出不同的特征，当室内黑暗时，玻璃就像镜面一样反射光线；当室内明亮时，玻璃表现为不仅透明，还对周围产生一定的映照，所以在表现时要将透过玻璃看到的物体画出来，把反射面和透明面相结合，使画面更有活力。外窗反射的一般是天空的景致，加上玻璃的固有色调，因此想画出逼真的玻璃效果，要注意以下两点。

1.透明玻璃的表现

渲染透明玻璃，首先要将被映入的建筑、室内的景物绘制出来，然后按照所画玻璃固有的颜色用平涂的方法绘制一层颜色即可，而对于一栋建筑来说，在底层可以用这种方法进行渲染，但随着高度的增加就要减弱对其刻画的程度，并加大玻璃的反光度。

2.反光玻璃的画法

先铺一层玻璃的固有色作为底色，作画的笔触宜整，不宜凌乱而琐碎。同时要根据窗户角度的不同，除了玻璃要用自身所固有的颜色进行渲染外，还需要对周围环境的色彩加以描绘与表现。对于建筑物的玻璃多采取反射和通透相结合的形式，其反射天空和周围的环境要处理好明暗与虚实的变化。透映室内的物体要以概括、抽象的手法表现，可选用冷灰色调的颜色进行简略的概括。如果玻璃的固有色是暖色，也应在其中加入冷色调进行表现。如果是街道两旁的建筑，其玻璃上只要画出树干以上的景物即可，其他的人物、车流等可不画出，以保证画面的整体效果。

（四）皮革质感的表现

皮革材料质地柔和，表面相对粗糙，受光后会产生漫反射现象，光线向四周做均匀扩散。因此对于皮革材质的表现，其明暗变化的幅度要小、色调要微妙，以材质本身的固有色为主、以环境色为辅，基本不受周边环境色的影响，色相的差别不大，如材质上有花纹需要表现，可用与原色色相相同，深浅略有变化的颜色进行表面刻画，经过处理可达到逼真的效果。

在对皮革的表现中，对于造型、颜色、笔触以及细节的处理都是表现质感的有效手段。另外，在一些长期作业中，用刀片、牙刷、砂纸等物品也可以作为表现皮革质感的辅助工具，可以在绘图时对以上辅助工具进行大胆尝试，灵活运用。

二、不感光材料质感的表现

（一）织物质感的表现

织物是室内空间中不可缺少的元素，如地毯、窗帘、沙发等。在表现时可以运用轻松、活泼的笔触，以表现柔软的质感，对于色彩的运用可以略显跳跃，这样可以让图面显得更加生机盎然，更加具有艺术感染力和视觉冲击力，而且还能够起到调节空间色彩与气氛的作用，下面以地毯的渲染法为例。

用钝头的马克笔在已画图案或原有织物的底色上随意点画，由于地毯纹理本身存在颜色变化，这种点画法可以轻松地表现出地毯的质感，所用的颜色不能单一，应包括几种相近的颜色。

用马克笔配合彩色铅笔或采用牙刷喷色的方法，是比较精细但却相对比较费时的一种画法。若要表现一种地毯的图案，先要研究其中的一个单元的尺寸、形状及单元间的组合，做出网格来绘制重复的花纹，为作图方便予以简化。无论是哪种方法，最后不要忘记对于地毯边缘的处理以及对投影的描绘。

（二）木材质感的表现

木材的质感主要是通过固有色和表面的纹理特征来表现的，要通过马克笔和彩色铅笔叠加几层后，才能达到最终的效果。任何天然木材的表面颜色及调子都是有变化的，因此用色不要过分一致，试着有所变化。例如，在所画木材的本色当中偶尔加几笔浅灰绿色或浅紫色，将出现较好的效果，而且这略微的色彩变化还模拟了天然木材的瑕疵。对于木材质感的表现步骤如下：①大面涂饰高光色（如抛光色或乳白色）。②涂饰浅色调的木材原色以及深色部分。如果采用略干的马克笔来作画，能在画面中带出条纹状笔触，效果会更好。③可用彩色铅笔勾画出细致的纹理。如果所表现的纹理太清晰而至失真，可以在其表面上再涂一遍马克笔，其颜色会随溶剂的吸收而变得沉稳。

三、其他质感的表现

（一）植物与山石的表现

1.植物的表现

植物是景观环境艺术设计中不可缺少的重要元素。在园林绿化中植物可分为乔木、灌木和地被植物三种大的类型。不同的植物也常常被人格化地赋予不同的性格特点，这些特点对特定环境氛围的营造起着重要的作用。比如竹子经常出现在中国传统园林中，它有着高洁和刚直不阿的性格特点。

对植物的表现要遵从它在画面中的主次关系，通常植物起配景的作用，用来烘托和营造整体的环境氛围，在对其进行表现时，要注意分寸，不可喧宾夺主。一般情况下，近景的植物表现要充分、细致，色彩的饱和度较高；远景的植物要简洁、概括，色彩的饱和度要低一些。也有以植物作为主景来表现的，这时就要注意调整好整体的构图和画面之间的关系，从而选择重点刻画的部分。总体来说，对于植物的表现要注意以下几点。

第一，刻画近处植物花卉时，要注意表现植物的品种、姿态，处理好植物叶片的前后遮挡关系。在具体表现时，一般采用蜿蜒的曲线表现外轮廓，用光影表现厚度。

第二，在色彩渲染时，不要概念化地全部渲染成同一种绿色，要注意层次、转折以及色彩的深浅和色相的变化。在画一株植物的时候，第一步先把其大致的轮廓勾画出来；第二步选择树叶的中间颜色给予大面积的涂绘，在涂绘的过程中，树木的枝叶有许多镂空处，在表现时要有意地留出这些空隙，这样会使画面表现更生动、更灵活；第三步选择较重一些的颜色进行局部加重，将树木的受光和背光分开；第四步选用颜色更重一些的笔触进行局部的点缀，以便增强立体感，同时把树干等其他配景予以描绘。

第三，近景中的树木起到拉伸空间感和平衡构图的作用，在表现时不妨采用剪纸形式故意镂空它，这样反而会给人一种“此处无声胜有声”的感觉。

第四，远处的树木，不要做强烈的明暗对比和形态塑造，在表现时，可以用单线勾勒整个植物群的轮廓，描绘时使用的颜色要简单化，以保证画面的整体感。

不同的植物有其自身特有的生长规律，不同的生长规律成为不同种类植物彼此相互区别的形象特征。在景观环境设计表现中，需对常用植物的生长规律有所了解，对植物的临摹和写生就是非常有必要的训练手段。根据景观环境设计的表现需要，有时采用写实性强的植物表现手法，有时采用装饰性强的植物表现手法，初学者可以从这两方面入手进行临摹训练。我们在景观环境中表现的植物一般都处于自然光环境之中，虽然各种植物形态各异，但表现的步骤基本相同。首先，在线稿的基础上上颜色较浅的部分，这时要注意留出高光；其次，逐步向暗部推进，注意色彩深浅和色相的变化，暗部不留白，让它有退后的感觉；最后，进行画面的局部调整和修改。

2. 山石的表现

我国的自然山水园林具有“无园不山、无园不石、叠石为山、山石融合、诗情画意、妙极自然”的特点。凝聚了自然山川之美的山石，大大增强了园林空间的山林情趣。山石以其独特的形状、色泽、纹理和质感，成为画面的配景要素之一。对于山的表现一般用写意的虚画法即可，因为它都是作为远景或陪衬的。然而，石头的种类（如黄石、石笋、黄蜡石等）繁多，是园林设计中不可缺少的组成元素之一。中国画中有“石分三面”的说法，在我们的快速手绘表现中也遵循这个原则，通过光影将石头的立体感表现出来，不同种类的石头具有不同的形态、纹理，要采用适当的运笔顿挫的方式来表现出石头本身的质感。

（二）人物与景观小品的表现

1. 人物的表现

在景观、商业、办公区域的表现中，人物是重要的配景之一，而作为小的室内空间环境则可不画人物。生动的人物姿态既能起到活跃画面气氛，反映地域风情的作用，又能起到间接衡量比例的作用，比如利用人物可以推出建筑物的高度和场景的大小。

人物在画面中可分为前景人物、中景人物和远景人物。当这三个情景中的人物同时出现在一幅画面中时，其高度是根据视平线的高度而定的。在正常人（儿童除外）视点高度的画面中，远、中、近景的人物头顶应位于同一水平线上。前景中的人物刻画要较为细致，光影感也要强一些。一般将前景人物放置在画面非中心或一角处，从而起到平衡画面的作用，但数量不宜过多。前景人物多采用半身带手的动态造型，面部最好朝向主体物；中景的人物一般位于表现主题的空间范围内，对其刻画可以稍微简单些；远景人物作为空间的延续和点缀，有时只是作为一种符号而出现在空间中，因此只要把握大的动态即可。

除场景中对人物刻画程度的把握之外，还要注意以下几点。

第一，人体姿态与运动。依据空间中的不同功能而安排不同姿态的人物，会使画面更加充满活力。动态表现的目的是避免人物僵硬、呆板。在画运动中的人物时，可借助一些辅助线来把握人物的动态造型，如利用垂直线、水平线、倾斜线等来确定形体动态。

第二，人物的体量感。要画出受光、背光和投影等基本要素，一般明部的轮廓线可以做虚化处理，甚至留白，这样与重色调的暗部形成明确的块面关系，以增强人物的体量感。

第三，人物的衣着及颜色。人物衣着应与季节、环境相符合，在画面中占有尺寸较小的人物，其衣着颜色可以选择跳跃的鲜亮色系，从而达到活跃画面的效果。近景人物或是在画面中尺寸稍大的人物，其衣着颜色要以中性和灰色系列为主，衣着的颜色要与整体画面色调相匹配，加重色时要谨慎小心，不可大面积加重色，同时要注意留白手法。

2. 景观小品的表现

设施和小品作为景观设计中的重要元素，包括路灯、广告牌、雕塑、装置、花池、座椅、喷泉等，这些景观不仅为人们提供了功能服务，而且增强了环境的空间特性和生活气息。由于设施和小品具有小型而多样化的特点，因此在画面中要有目的、有秩序地进行表现，还可以用跳跃的颜色和形状来平衡画面，以增强画面的趣味性。

（三）车体与地面的表现

1. 车体的表现

汽车是渲染图中的配景，和树木、人物一样。正确表现汽车的基本比例和质感很重要，但过分描绘细部和色彩又会分散画面的注意力。如同人物一样，画汽车也是为了烘托环境气氛，以增强建筑表现图的效果。所以，画什么样的汽车，要考虑到建筑物的功能性质。例如，在广场景观、商业街道会出现小汽车；在火车站广场上，应多画一些出租汽车和公共汽车；在会堂、宾馆前，应多画一些小轿车和旅行轿车；在生产性的工业建筑前，应多画一些载重卡车。

在画汽车时，首先要考虑车体与建筑物之间的比例关系，过大或过小都会影响建筑物的尺度；在透视关系上，汽车的透视要与建筑物保持一致，有一些建筑表现图，正是因为没有处理好这些关系，导致所画的汽车与建筑物格格不入，从而破坏了画面的统一和协调性。

在表现不同景观和建筑环境时，对汽车所表现的程度要有所不同，例如，在鸟瞰图中视野比较宽广，对车体的表现就要比较简单；而在商业街道场所中，由于人的视点比较低，对汽车的刻画要相对比较细致些，但是要注意空间的层次关系，要对场景中的近景、中景、远景的汽车进行不同程度的描绘。

将汽车概括成一个符合场景透视的立方体，按比例将立方体上下和前后进行三等分，用铅笔或单色线条将造型勾画出来，注意形体的准确性。

对于表现近景汽车时，要对可见的内部构造进行描绘，如汽车内座席或方向盘等。另外，还要注意车身各面的弯曲和倾斜的方向，没有一个面是单纯的水平或垂直；在画侧面汽车时，轮胎侧面一定要嵌入车身一些，不与汽车侧身平齐。

对汽车上颜色时只需画出汽车的大体颜色与光影即可，要注意笔触的运用方向。在描绘时，主要抓住其明暗关系，注意留出高光部分，要画出其反光、投影等因素，最后在局部位置加重色，以加强对比度，从而强化汽车的立体感。

2. 地面的表现

在景观设计表现中经常会碰到的地面表现类型有道路、铺装地面和草坪这三种。

在道路表现中，要注意道路空间远近的色彩差异。道路的材质一般为沥青路面或水泥路面，其固有色较深，通常情况下，近处道路表现得深而远处颜色浅，在表现雨后道路时可以增加道路对周边环境的倒影。

铺装地面的种类很多，在勾线时要注意铺装图案的透视关系（尤其在处理不规则铺装时），同时要注意对铺装图案和纹理的归纳和简化，不可机械地画满所有铺装，这样反而效果不好。上色应严格遵循由浅到深的步骤，逐步地铺装且尽量概括，线要细，这样才能拉开推进。

近景的草坪需要一些表现草的生长状态空间层次关系，也可结合光影，只画静态的细节。

（四）墙面的表现

墙面根据材料质地可分为玻璃墙面和实体墙面。景观设计中墙面的材料可谓花样繁多，有混凝土墙、砖墙、浮雕墙、石墙等。根据墙面材料的特性可分为粗糙墙、涂料墙和有光泽墙三种类型。粗糙墙面的绘制需注意砖块的纹理和凹凸特征，在上墨线时，结合光影关系，仔细绘出。涂料墙面一般采用退晕手法表现，同时注意环境色和光源对墙面色彩的影响。有光泽的墙面也采用退晕的手法表现，另外要注意反射光泽和映像的表现，这种表现类似前面谈到的汽车的表现手法。

总体而言，一方面，墙面的表现要注意色彩的退晕变化，不可平涂处理；另一方面，退晕的对比关系和局部色彩的变化要注意分寸，做到在整体统一中求变化。

（五）天空与水体的表现

1. 天空的表现

在景观表现图中，天空是画面最远的一个层次，所有的景观元素也都笼罩于蓝天之下。通过天空的表现，可以传达气候、时间、空间等环境要素的信息。与景观主体相比而言，天空在表现中属于图底关系中的“底”，所以景观表现图中对于天空的表现通常倾向于简洁、概括，避免喧宾夺主。

天空的色彩有其自身规律。以晴天为例，受大气的影响，接近天际线的天空一般色彩饱和度低，明度较高，有些偏暖色。而位于我们头顶，也就是位于画面上方的天空色彩饱和度高，颜色较深。而在低视点的透视图中，天空在画面中所占的比例比较大，在很大程度上会影响画面的色调和整体感。因此，对不同天空的形式进行恰当的描绘，会起到平衡画面的作用，从而更加衬托主体物、突出中心。天空的变化很多，可以阳光灿烂，白云朵朵，也可以乌云密布，阴雨连绵。因此，对于天空的表现也要遵循一定的规律和技巧。

第一，天空作为配景，是为突出建筑物而服务的，所以要对其进行弱化处理。

第二，在画天空的变化或是云的形状轮廓时，不要依据建筑物的轮廓来画，这样会使画面显得呆板而不自然。

第三，天空距离观察者越近，其颜色越纯，明度越低；反之，离观察者越远，颜色就越淡，明度也就越高。

第四，云的形状变化组织要疏密有致，有一定的节奏感和韵律感。对于云的表现可以用留白的表现手法，也可以用橡皮在画面中颜色半干的情况下擦出云的形状与效果。但是对于云的表现不必过分强调色彩，重要的是明暗与虚实的关系。

2.水体的表现

水在景观设计中所用的形式非常多，有静态的水（如湖面、池塘、泳池等），也有动态的水（如瀑布、跌水、喷泉、溪流等），它没有固定的形态。对水的表现应当根据它所处的状态以及周边的环境等因素进行综合考虑。

描绘水面的两个基本特点是倒影和波纹，倒影表示水的反射性能，波纹表现水起伏变化的流动性，画水体时需要注意以下几点。

第一，当以水体表面为反射的平面时，物体底部到水平面的高度也同样要出现在反射中。

第二，离作画者近的水面颜色深而冷，远处的水主要以映出物体的倒影和天空中的光线为主，其反射出的水纹通常比较小，因此要以波纹线的大小、疏密来表现水面的远近关系。

第三，水有静态和动态之分，静态的水一般有倒影，能够反射天空和周边的建筑形状，其轮廓比较模糊，层次关系和明暗对比不明显。而动态的水一般波纹方向有一定的规律性，作画时，用笔要轻松自由，画出流动感即可，不要过于细致地刻画而喧宾夺主。

静态水面，主要表现周边环境在水面所产生的倒影以及风的作用在水面上所产生的波纹。清澈见底的水体还需对池底的颜色和纹理进行表现，注意波纹的透视关系以及倒影和周围景物的对应关系。

动态水的表现则需要对水的动态特征有所了解，水花的白色最好能小心地留出来，当然也可最后用水粉色或者涂改液进行局部修改。

第三节 快速表现技法训练

一、单色技法训练

（一）单色素描训练

素描是一切绘画的基础，素描水平的高低会直接影响塑造物体及空间效果的表现力。单色素描技法也叫黑白表现技法，是用线条和明暗两个基本元素来塑造物体的形象。对单色素描技法的训练可以有效提高我们在作画时对于大体明暗与基调的把握能力，它不仅是一种表现技法的训练，也是感觉与思维的训练，更是艺术表现力与艺术素养的训练。

单色素描训练是一种比较容易掌握和控制的技法，它的表现方法与技巧有以下几个方面。

第一，在勾画底稿时，要根据所表现对象的形状、质地等特征有规律地组织、排列线条。

第二，在进行表现时，不要过多地反复修改同一个地方，要做到意在笔先。在刻画明暗对比时，要从浅入深、层层深入地进行表现，但遍数也不宜过多，有的地方最好能一次到位。

第三，以线条为主的单色素描中，线条的形式分为两种：一种是徒手绘制的线条；另一种是用工具所画的线条。徒手画的线条比较生动、变化微妙，多用于表现柔软的物体；用工具所画的线条具有工整、规则的特点，多用于表现平整、光滑的物体。

第四，在描绘完图中的某个部分后要对其他部分进行描绘的时候，要利用纸片对已经画好的图面进行遮挡，以免将画面弄脏，从而保证画面的整洁。

第五，可以用同一颜色的马克笔进行整体着色，有目的地进行形体与空间的表现训练。

（二）同类色调训练

同类色主要指在同一色相中不同的颜色变化，即色相性质相同，但色度深浅不同。例如，红颜色中的深红、玫瑰红、大红、朱红；黄颜色中的深黄、中黄、淡黄；蓝色类的普蓝、钴蓝、湖蓝、群青等，都属于同类色关系。

同类色调训练就是指用色彩相类似的颜色进行渲染和表现，是对于单色素描训练技法的进一步升级，这种方法是在轮廓线勾画完成的基础上进行表现的。在进行同类色调训练时，不需要考虑其原有的材质和质感，仅用相类似的颜色把物体及空间的明暗表现出来即可，利用物体在光照下的明暗变化规律可以有效地塑造形体。要根据画面的需要调配出更多、更丰富的同类色，从而加强同一色系的素描塑造能力。对于同类色调技法的训练，一般是将水彩颜料和马克笔进行配合使用，这两种工具在表现过程中都是由浅入深地进行描绘，因此将这两种颜料并用比较容易掌握。

二、色彩技法训练

（一）水彩、透明水色技法训练

1.水彩技法训练

水彩表现图直接受水彩绘画的影响，在我国一些建筑与环艺设计专业也把水彩表现技法作为一门必修的基础课程来学习。学习水彩的表现技法不是一朝一夕的事情，只有具备扎实的基本功和进行长时间的练习才能做到熟练掌握与运用。

水彩色彩淡雅，适合用于表现结构变化丰富的空间环境，所表现的作品层次分明，结构清晰。其中，对水分的运用是水彩表现技法的关键所在，因此要掌握好对水分的控制，画纸则要选择吸水性适中的白色或浅色的纸张。在作画时通常还要配以其他辅助工具，例如界尺、吸水量大的毛笔或排笔、喷笔等工具。

水彩渲染表现技法的优点是既可以进行整体的着色绘制，也可以结合丰富的色彩关系进行细部的刻画，使画面显得轻松而生动。水彩有很多不同形式的表现技法，如退晕法、接色法、沉淀法、擦刮法、喷色法、干画法、湿画法等。

以下主要对干画法和湿画法进行介绍。

（1）干画法。它是常用的技法之一，几乎所有的作品都不同程度地运用了干画法。人们对它的表现方法有一个理解误区，认为少用水就是干画法，其实不然，正确的操作方法是：在所画的前一色块彻底干透后再画后一块颜色，它是色彩叠加的一种表现方法。

（2）湿画法。它是水彩最为典型的表现技法，能够充分发挥水彩的特性，表现其润泽的特殊效果。湿画法可以分为两种方式：第一种是将纸全部打湿，在湿润的纸上直接作画，用色需饱满到位；第二种是将所画的部分用所选定颜色迅速画完，在未干的状态下，融入其他的颜色及笔触进行第二遍的描绘，使两遍或多遍的颜色有层次地融合在一起。

（3）水彩表现技法。它所需要注意的要点：最好用铅笔起稿，或先在草图上进行勾画，然后再拷贝到正式稿上。线稿的轮廓一定要准确、清晰。水彩颜料的渗透力强，所以不宜反复作画，一般2~3遍即可。同时由于水彩具有很强的透明度，覆盖能力较弱，因此作画时其着色规律是由远至近、由浅至深、分层次地一遍遍完成，同时要事先做好留白的处理。

2.透明水色技法训练

透明水色的色彩比水彩更为明快鲜艳，其优点是可以清晰地表达物体的造型、结构及轮廓。它可以在短时间内，通过快捷、方便的方法并配合专业的绘图工具，使之达到最佳的预想效果。

透明水色属于透明性较强的颜料，因此对于透视图线稿的要求一般比较高，其线稿的透视一定要准确、严谨。

在进行着色前，应先在头脑中想好明暗层次关系，心中有数，作画时一气呵成。画面中天花、地面、墙体所占的比重较大，因而对这些颜色的处理会直接影响到整个画面的色调，其颜色的调配要做到尽量准确，明度、纯度、冷暖属性争取一次到位。

由于其本身具有和水彩相似的特性，因此渲染的次数不宜过多，2～3遍即可。渲染程序也和水彩一样由浅入深，例如先画浅色的背景再画深色的家具、陈设等。在绘制配景时，要考虑到画面中周围环境的色调，以免破坏画面的整体性。

整个画面渲染完成后，可用水粉颜料对画面中重点的部位进行深入刻画或局部点缀，直至最终完成整个作品的绘制。

3.马克笔的技法训练

（1）马克笔技法训练。马克笔的优点在于成图迅速、着色简洁、画风潇洒，表现力强，是设计师快速绘制效果图的理想工具。马克笔技法训练要讲究画面的虚实变化，主要看如何运笔，如何控制马克笔的力度，如何利用马克笔的特点来表现质感、形体和明暗关系。

运用马克笔需掌握的技法要点如下。

马克笔的笔尖一般有3个工作面，分别能画出普通线、粗线和特粗线三种线条种类。但如果变换运用马克笔的方向与力度，就会得到很多种不同种类的线条形式。

马克笔在用笔的方向上要有一定的讲究，排线时要根据形体的结构有规律地组织线条的方向和疏密。尤其要掌握马克笔在走向上所呈现出“Z”字形留白的技巧，要体现笔触本身的美感与虚实感。

用马克笔表现时，要敢于大面积地留白，国画中讲究“留白天地宽”“不画是画，画乃不画”就是这个意思。初学者往往觉得留白会导致画面的不完整，结果使画面到处都是主观的内容，导致观画者几乎无法“呼吸”。

马克笔的覆盖性较弱，所以在着色的过程中应该先上浅色而后覆盖较深的颜色，要在第一遍颜色半干或干透后再上第二遍颜色，而且要准确、快速，否则使颜色浑浊在一起就会失去了马克笔的透明与干净利落的特点。对于明暗关系的表现，是通过颜色的叠加而表现出来的，要注意色彩间的相互协调，保持画面中色调冷暖的对比。为了使整体画面的色彩与色调和谐，一般选用马克笔的颜色都以灰色系为主，局部配用鲜亮的颜色以达到调节画面的效果。

单纯使用马克笔，难免会留下一些不足的地方，所以可以与彩铅、水彩等工具配合使用，同时创作出更加新颖、更富有表现力的效果图。

马克笔上色大致可以分为以下四个步骤：①用签字笔或针管笔勾画底稿。勾画底稿是马克笔上色的前提和基础，主要以线描的手法为主，要求线稿的透视准确，比例得当，家具等物品的位置摆放合理，明暗关系区分明确。②用马克笔区分主要的形体界面关系。用马克笔粗略地描绘出画面中主要物体及背景的明暗与色彩关系，所用的马克笔颜色不宜过多，以表现空间中物体的固有色为主，注意对于画面色调的整体把握。③用马克笔进行深入描绘，以增强画面的层次与空间感。从整幅画面的视觉中心开始深入地塑造场景与场景中的物体。通过用色的增多使画面中的色彩逐渐丰富，并加强对光影的刻画，从而增强画面中的明暗对比，但切忌所表现的画面“火气”，而是要在“温和”中突出重点。④画面细节的刻画，整体关系的调整。为场景中的物体增添细节。例如对主体事物材质的进一步表现，并通过对前景中陈设物的细节刻画而增添画面中活跃的气氛。在该阶段要再次对画面的空间关系做整体的调整，使画面的空间关系、主次关系更加清晰、有序、协调。

（2）彩色铅笔技法训练。彩色铅笔具有方便、简单、易掌握的特点，因此备受设计师的喜爱。彩色铅笔色彩种类较多，可以对各种场景效果进行细致的表现；表现技法种类多样，根据用力的大小可以绘制出深浅不同且富有变化的线条，其颜色的相互叠加还可以创造出色彩丰富、颜色斑斓的绚丽效果。这里我们以水溶性彩色铅笔为例，其表现步骤如下：①用铅笔或灰色系的彩色铅笔在纸面上画出透视草图，注意构图的选择和配景的布置、前后虚实的关系。②根据从大面积到小面积、由浅色向深色过渡的原则进行着色，从而确定画面的色彩基调。例如，为了区分不同标高下的天花层次感，先采用暖灰色彩铅排线打底，拉开关系；地面再根据灯光及其材质、环境色影响由大面积着色再到局部纹理的刻画，着重将画面中物体的造型与投影、明暗与细节进行深度刻画，以利在保证不失整体的前提下又留有丰富的细节变化。③统一画面效果，然后根据整体氛围再度调整画面色调，进一步加强空间整体关系的塑造，最后用涂改液将画面的高光部分提亮，例如画面中对于棚顶灯光的处理。

下面介绍一下水溶性彩色铅笔的运笔技巧。

第一，排线法与交叉排线法。

排线法：用一系列相近的平行线，创造出一个色调区。需要进一步对颜色加深时，只要增加线条的密度即可。

交叉排线法：参照排线法的方式，画两组或三组平行线，彼此交叉，创造出更加浓厚的色调和密度。

第二，羽化法与点画法。

羽化法：不断地在画面轻扫画笔，画出一个色调区，在其上面可使用同一种颜色或其他颜色进行涂色，而原来的笔触仍可显示出来。

点画法：为了创造出闪亮的效果，点出各种大小、密度和颜色的图点。

第三，渐变法与涂刷法。

渐变法：从浅色慢慢过渡到深色，或从一种颜色渐变到另一种颜色。根据手腕用力的不同，其颜色的浓度也会有所不同。

涂刷法：将清水刷在画纸的表面上，然后用刀片刮铅笔芯，使铅笔芯屑落在水中，再用大型号的毛笔在上面扫过，将产生颜色深浅不同的视觉效果。

第四，压印法与覆盖法。

压印法：将一张纸覆盖在一种材质的表面上，如木头或粗糙的布料上，然后用彩色铅笔在纸的表面涂抹，直到其材质显露出来即可。

覆盖法：反复在同色系颜色或不同色系的颜色上叠加颜色，从而营造出丰富的画面效果与层次感。

（二）综合材料技法训练

随着绘画工具不断地更新发展，表现手法也更加丰富多彩，因此现代表现技法一般采用多种绘图工具综合运用的方法进行表现。综合表现技法是建立在对以上介绍的各种技法深入了解与熟练掌握的基础上，相互取长补短的一种技法表现。其具体的作画方法要根据画面所需要的表现效果及个人的喜好与其对各种技能掌握的熟练程度而定。

在运用综合材料技法进行表现时，其优点是画面效果丰富、运笔的形式更加灵活，从而使得作品的空间表现效果更加突出。对多种绘画工具的综合运用能够表现出一些特殊的画面效果。例如将水彩、马克笔、彩铅进行结合，用水彩进行大面积渲染，用马克笔和彩铅表现某些细部。马克笔着色轻松，加之结合水彩的渲染，则能更加凸显马克笔的表现力，因此更能充分发挥两者的优点。各种技法的综合使用并无定法，可以大胆尝试，根据画面所要表现的特点进行不断的创新。

三、图片临摹训练

一切技能都是通过后天的训练而获取的，正如人们第一次开口说话，第一次学会走路，模仿是技能训练的第一步。图片临摹是学习的一个重要有效的途径，要经常研读别人的优秀作品，从临摹中我们能学会分析原有图片的构图形式、如何选择视觉的中心、如何表现明暗的色调、如何把控空间的装饰设计语言等一些实际问题；也可以从中学习和体会各种表现技法，从而提高自身的表现技能；同时还可以养成收集资料的好习惯，为以后的设计存储大量的相关信息。

临摹这一阶段对很多学生来说也许是枯燥乏味的，但只要经过大量的练习就会有所收获。临摹图片要有针对性地阶段性进行，对于初学者来说最好选择专业杂志上的图片、手绘效果图和经过摄影师精心构图拍摄下来的现场实际案例照片。例如，选择明暗关系明确的图片，用硫酸纸、签字笔等工具将图片中的物体及场景拷贝下来，拓印到正稿上。在临摹时用心地体会图片中的明暗关系，从而将其在画面中表现出来；再如，选择较好的手绘效果图进行临摹，可以从中体会作画者的笔触运用方式、颜色的选择搭配、物体及空间的处理效果等一些特点。

临摹的第二阶段可以选择实景图片来进行重组临摹，因为在实景图片临摹时看不到笔触的排列方式，看不到画面的繁简处理，这就需要我们在临摹的时候学会分析、处理图片中的信息元素，学会取舍，通过扬长避短增强画面的空间感，突出所要表现的对象。在不断练习的过程中体会用笔、用色的技巧和对画面整体空间感的把握，并逐步培养起专业的观察、分析与概括能力。

（一）全因素表现技法

全因素表现技法是一种比较深入的表现方法，它能够充分细致和全面深入地表现设计意图，在表现中要强调空间的环境、结构、色调、光影、材质、气氛和风格等综合表现以及重点的局部刻画。这一技法要求用水粉或水彩颜料进行表现，要求作画者具备深厚的基本功、造型能力和设计表现能力。其表现步骤如下。

第一步，根据图片中的透视关系，严格而准确地将图中的全部信息元素表现在图纸上，这一过程相当于一个“拓图”的过程。

第二步，“拓图”完成后，要根据图片中的主色调，选取几个主要的颜色进行整体颜色的铺垫，在这一过程中要注意明暗关系及色彩倾向的把握，同时要注意从物体的暗部入手进行铺色，其铺色过程要遵循由浅入深的原则。

第三步，画面中大体颜色铺垫完成后，要对物体进行深入刻画。从图片中的重色部分或颜色较重的物体开始刻画，在刻画时注意其纹理、肌理及明暗等要素之间的关系。

第四步，在局部深入刻画完成后，要对整体画面进行调整，对所有的亮度进行比较，哪部分最亮，哪部分次亮，分出层次，尽量做到与照片一模一样。

全因素表现技法可以将画面表现得真实而细腻，可以模拟真实的空间环境，通过深层次的刻画而使得画面的内容更加丰富多彩。进而使学生对空间、造型陈设、色彩、光感、质感、透视与比例、运笔等规律性方面的表现技巧得到进一步深化。

（二）色彩归纳表现技法

色彩归纳是一种对图片中的颜色进行分析、概括与提炼的方法，它是在全因素表现技法基础之上的一种对色彩概括方法的训练。色彩归纳表现技法注重对色彩的第一印象，去繁就简，它更注重表现色彩的本质特征，也是为快速表现技法的训练做前期的铺垫。

色彩归纳表现技法一般有两种方法：一是在保持原有光色关系的基础上，将几种邻近距离范围内的近似色都转化成它们的平均值色，以平均值来代替它们，尽量以平涂的方法进行表现，但并不是将对象单纯地用固有色来代替；二是在保持画面色调统一的情况下，加强对色彩的主观处理，做必要而适度的夸张，其画面的处理一般用平涂色块或勾线填色两种方法进行表现。

四、计算机辅助设计表现

计算机辅助设计表现是在徒手绘制线稿后，用计算机辅助上色的一种效果图表现形式，其形式新颖，受到广大年轻设计师和客户的喜爱。此处主要以计算机辅助设计常用的软件Photoshop为例，讲解计算机辅助设计表现效果图的绘制过程。

应用软件进行设计表现的优点如下。

运用范围广：Photoshop软件是设计师常用的设计软件，操作简单，容易掌握。

快捷方便：可大面积选取区域并进行填色处理，快速地表现出材质及色彩，节省时间。

容易修改：可将颜色进行分层处理，在进行修改时可单独进行某一图层颜色及材质的更换，符合现代多变的设计要求，且同一方案可进行多种色彩变化，为更好地达成设计共识提供条件。

表现效果丰富：徒手绘制的透视线稿自由活泼、流畅潇洒，可以利用软件中的各种滤镜或其他的编辑命令轻松地表现出各种材质的质感，场景相对真实，并能利用软件特性更好地表现出空间光感。

第五章 中国传统美学在室内环境设计中的应用实践

第一节 室内环境设计概述

一、室内环境设计的基本定义

室内环境设计是人类在漫长的社会发展进程中，在对自身的建筑室内环境质量不断追求安全、健康、舒适、美观的情况下，所进行的一系列的设计审美创造活动。室内环境的设计发展史，反映着一个国家在不同时期文化、经济的发展水平和民族历史文脉的基本特征。

室内环境设计是一门综合的设计学科，它涉及的学科范围极广，它与建筑学、人体工程学、环境心理学、设计美学、史学、民俗学等学科关系极为密切，尤其与建筑学更是密不可分，从某种意义上说，建筑是整个室内环境设计的承载体，室内空间环境设计活动的发生都离不开建筑物本身。但是，室内环境设计肩负的工作，是在建筑设计完成原形空间的基础上，进行的设计再创造。目的是把这种内部空间，通过功能性与审美需求的设计创造，获得更高质量的人性化空间。这种按照具体空间再次进行的个性设计，所创造出的空间更接近使用者真正需求的理想实质空间，是完全不同于原形空间的一种更富于人情味和艺术化的空间境界。

二、室内环境设计目标的实现

室内环境设计的目标体现在物质建设和精神建设两个基本方面，即一方面要合理提高室内环境的物质水准以满足使用功能，另一方面要提高室内空间的生理和心理环境质量，使人从精神上得以满足，以有限的物质条件创造尽可能多的精神价值。室内环境设计包含功能和形式两个相辅相成的结构层面。室内环境功能，是指室内环境的适用性，其基本点是建立“以人为本”的理念，以满足人和人际活动的需要为宗旨，以安全、卫生、效率、舒适为基本原则，以解决综合性的人、空间、家具、设施等之间的关系问题为目标，在此基础上创造出高品质的室内空间环境。同时也应该认识到，自然界中的一切东西都具有一种形状，也就是说有一种形式，一种外部的造型。同样，室内环境的功能也总是以特定的形式而体现的，因此在满足功能需要的前提下，形式便成为设计者关注和研究的重要方面，并按照美的形式法则来创造室内空间形式，使得室内环境的功能与形式达到和谐统一。

三、室内环境设计的艺术

室内环境既有使用功能要求又有艺术审美上的要求。其设计目的在于一种室内意义的创造，它表现为室内环境在物质与精神两方面对人所产生的影响，是通过心理的双向交流而得以实现的，即人对室内环境的认知和环境对人的影响，而设计就是以特定的设计语言或形式来促成这种表意的过程。所以，室内环境设计师在考虑使用功能要求的同时，必须思考精神功能要求(艺术感染、心理感受、视觉反应)。室内环境设计的艺术表现旨在组织和塑造空间，其形式内涵有两方面的属性：一种是内在的内容；另一种是事物的外显方式。内在的内容是通过室内气氛、室内心理感受、室内已经呈现出美感；事物的外显方式是指运用形式美法则——适度、均衡、韵律、和谐，通过形式的外显方式呈现出美感。设计师要学会研究人的认识特征和规律，研究人的情感和意志，研究人和环境的相互作用，运用各种理论和手段去冲击影响人的情感，使其升华并达到预期的设计效果。室内环境设计中应用联想的手法来影响人的情感思潮，以扩大环境对人的感受深度和丰富的层次内涵。现代室内环境设计是为人而设计的，人是环境存在的主体，不仅有生理需求更有心理需求。心理的满足，则需要与室内环境进行心的交流，以体验到舒适，感受到快乐。而满足人的心理情感需要，则必须创造出室内应有的意境。现代室内意境是室内环境所集中体现的创意构想、意图、主题，是室内设计中精神功能的高度概括，是一种蕴藏于感性形式之外的、能引起人无限思索和联想、给人以某种启示或受益的设计艺术美。室内环境已经不是静止的，而是流动的。空间形式是静态的，如何化静为动，或者静中有动，是室内环境设计所需要探索与追求的。室内环境设计不仅满足使用功能，更重要的还要创造一个室内的生活环境。室内心理感受是客观存在的，它是指空间环境作用于人的感受器官所产生的心理反应。

四、室内环境中的意境

室内环境中的意境并非静止的，而是流动的，它是在一个主题下的多种美感共同作用的结果，它是最能体现出意境流动感的设计。室内环境的总体意境最终是对文化的反映，也就是说，意境的本质是文化的体现。文化是人类社会发展进程中社会意识所积淀下来的精华，从各个方面和层次来说，它都是设计创意灵感的重要源泉。室内环境的意境是通过室内空间的布局、家具器物的样式、材料质感的搭配以及界面造型的选择等一系列环境设计来形成空间的整体美，营造出空间的意境美感，使人深深地感觉到设计内在的个性情调、品位等内涵。它是设计师通过文化、科学、技术、生产各种系统要素整体化的联系，心理学、人体工程学、人文科学的相互渗透以及自然因素、人和社会因素的综合，而体现出的一种社会过程。通过室内形态所表现出来的客观实在的“景”，唤起人们的愉悦之“情”，这个情感交融的过程就是室内环境设计意境美生成过程。总之，现代室内环境设计是建筑空间的再创造过程，通过室内设计，我们要赋予室内空间以一定文化内涵和精神氛围，使其具有更加鲜明的个性特征。这是每一位设计者必须把握的原则。

五、室内环境设计简述

（一）室内环境设计的初始阶段——原始“巢居”与“穴居”

现代著名建筑学家吕思勉先生说：“人类藏身，古有两法，一居树上，一居穴中。”所谓“一居树上”是指原始先民生活于南方温湿地域的一种居住形式。古人利用邻近的两棵大树的主干为支柱，在上面构筑类似窝棚的简陋栖身之地，考古学家称之为“构木为巢”。这种“巢”虽然简陋，但其建立了居住空间的功能意义。一是能遮风避雨，避免强度光照；二是能抵御禽兽的攻击，同时又避开了地面的潮湿。“一居穴中”是指中国北方黄土高原地域的原始先民创造的一种“穴居”形式。这种在崖上挖掘的横向洞穴有点像今日的窑洞。虽能遮风避雨，避暑抗寒，但对洞内的炊烟散发是不利的，于是原始先民进而在平地上挖掘竖向洞穴，犹如袋形，洞内炊烟可通过“袋口”袅袅而出，但又带来了不能遮雨雪的问题。于是，原始人巧妙地在洞口添加一个用木棒支撑的用植物枝叶结扎而成的顶盖，犹如帽子，可以随时按需盖上或开启，大概这就是屋顶的雏形了。随着“屋顶”建造技术的日臻成熟，为使洞内更为通风干燥以及人们出入的方便，于是全居穴渐渐让位于半居穴，由半居穴而最终让穴底渐渐升到了地面之上。到这时就初步完成了由“穴而居”向坐落于地面的房屋蜕变，于是具有建筑学意义的室内空间已经悄悄地降临了。

从以上的两种原始先民的居住形式我们不难看出其功能与形式结合的意义对今天室内环境设计的影响，“巢居”与“穴居”首先是基于人的生存功能需求；其次，建筑空间的技术文明是在满足生理功能的前提下逐步产生和发展起来的。现代建筑学家侯幼彬先生说：“这两种充分体现地区性自然特点和文化特征的构筑方式，理所当然地具有很强的生命力。”可以说，这两种建筑方式是中华民族建筑空间发展的渊源。

（二）辉煌壮丽的宫殿与室内环境设计

我国宫殿建筑艺术是中国古代建筑艺术的重要组成部分。自秦代著名的阿房宫，汉代的未央宫，唐代的大明宫含元殿和麟德殿，元大明殿以及明清的紫禁城（故宫），虽然时间跨度漫长，但宫殿建筑崇尚阔大雄硕的艺术风格一直代代延续，在人类的建筑史上写下了辉煌壮丽的一页。尤其是明清宫殿建筑再掀高潮，尚大之风依然十分猛烈，紫禁城是历代最大也是最完整的宫殿建筑群落，充分体现了中华民族宫殿建筑艺术的卓越成就。

宫殿是帝王朝会和居住的地方，规模宏大，形象壮丽，室内格局严谨，给人强烈的精神感染，凸显王权的尊严。宫殿的建筑设计鲜明地反映了中国古代社会和思想状态及其变化，体现了建筑工匠们驾驭城市建筑全局的卓越能力。我国传统文化注重巩固人与人之间的秩序，与西方国家的建筑不同，我国建筑设计成就最高、规模最大的就是宫殿。

以故宫太和殿为例，从平面体量上来看，该殿面积开阔，是国内最大的木构建筑物，室内空间庄严，梁柱雄壮有力，排列有序，既有承重功能，又产生节奏之美感，殿内外木材上均施彩画，红黄蓝绿，色彩艳丽；既有对比又有调和，金碧辉煌，其精湛的施工技术和高超的木构力学设计能力以及对具有民族特色的装饰色彩主调的运用，在中国室内设计史上都是无与伦比的，在世界建筑史上也是独一无二的。

我国的宫殿不论是技术的精巧，还是审美思想和设计意识，都为今天研究中国室内环境设计的发展和风格提供了丰富的内容，成为一笔丰厚的文化遗产。同时，其反映了统治阶级趣味。统治者不惜动用大量昂贵材料堆砌而成的豪华奢侈的室内空间环境，也为后人醉心于室内装饰产生了深远的影响。

崇尚阔大空间，壮观华丽的宫殿建筑是封建社会时代的历史产物，它不仅象征了封建统治阶级的权威性，同时也反映了当时统治者的设计审美思想与特定历史时期官方的审美风格。

（三）华夏民族智慧的流露——民居设计

我国早在西汉之前，民居的室内外设计格局就已经趋于稳定，且具有很强的实用性和人情味。西汉晁错在《募民实塞疏》中有一段话很值得我们研究："臣闻古之徒远方以实广虚也，相其阴阳之和，尝其水泉之味，审其土地之宜，观其草木之饶，然后营邑立城，制里割宅，通田作之道，正阡陌之界，先为筑室，家有一堂二内，门户之闭，置器物焉，民至有所居，作有所用，此民所以轻去故乡而劝之新邑也。"

从上面的一段话可以看出，西汉以前已经有"一堂二内"的民居形式了。何谓"一堂二内"?《汉书》张晏注曰："二内，二房也。"《说文》释房曰："房，室在旁也。"清代李斗说："正寝曰堂，堂奥为室，古称为一房二内，即今住房两房一堂屋是也。"李斗所说的一房二内，也就是北方统称的"一明两暗"。侯幼彬先生将其形式称为平民居住的通用形式，是当时民居的"基本型"。

从现在的建筑史料来看，这种住宅的基本形式不仅源远流长，而且一直影响到现代生活的民居结构形式。如北京的一正两厢的四合院布置，现代居室的两室一厅、三室一厅的空间平面分割布置都深受其影响。

古代"一堂二内"的民居房型的优点：一是面积尺寸符合人的基本使用功能；二是满足了人们居住私密性要求，尊重了人的生理和心理特性，如一明两暗；三是获取良好的光照与通风，堂屋与两侧内室都可以在前后檐自由开窗，取得良好的光照条件，并形成过堂风，符合人的健康需求；四是房型构造有利于组群的整体布局。

"一堂二内"的室内空间设计是功能与形式相结合的典范，是华夏民族智慧的流露。其房型从今天的审美观点看仍具有较高的设计水平和审美价值。正是具有以上这些优点才成为中国住宅设计木构架体系长期延续，颇具生命力的主体房型之一。

由于各地区自然环境、生活方式的差异，南方与北方相比既有共性又有不同的各种住宅的房型。如晋豫陕北地区，黄土地带的民居，土崖挖穴，其较大住宅通常并列，其间辟门相通，比较富有者，在穴内砌砖，至于在地面上的建筑，常使用发券结构作窑居的形式。而江南地区，因气候较北方温和，墙壁之用仅区别于内外，为避风雨，故多编竹抹灰，作夹泥墙，其全部构架用材趋向轻简。远处南疆的云南地区气候四季如春，故其风格兼南北之风尚。其室内平面布置近于江南形式，此外又有北方木构房型之优点，各房配合多使其呈正方形，称“一颗印”，为滇省住宅房型之显著特征。

从各地区的民居房型特点来审视，“一堂二内”“一明两暗”“一正两厢”的空间设计形式是其共同特征，只是在配置和比例上有所不同，然其以满足使用功能、注重人的本性需要的室内空间设计思想和审美风格是一致的，比起那些奢华的楼台亭阁要朴实亲切得多。

（四）我国20世纪20年代至今的室内环境设计

1. 20世纪20年代至50年代初的室内环境设计

建筑是时代与民族文化共生的产物，室内空间随建筑的发展与演变，从依附到形成自己的设计体系，走过了漫长的岁月，在积淀与流失中，逐步体验到空间与人的关系问题，是室内设计的根本问题。这个过程也渗透了外域的精华与糟粕，最终还是国人自己慢慢地表述着对室内设计的理解。

每一个历史时期的设计现象都不是简单的重复，而是赋予新的内容、新的创造。在我国20世纪20年代的室内设计中，出现了几种设计风格的倾向。

（1）传统型。一些建筑师探索“中国民族形式”的建筑室内空间设计风格，努力汲取民族形式的传统表现手法，建筑师吕彦直设计的南京中山陵和广州的中山堂就是反映民族特色的宫殿式的建筑杰作。

（2）引进型。由于受西方现代主义建筑思潮的影响，在建筑上大量使用钢筋混凝土及玻璃材料，并大力提倡建筑产品批量化，从而使高层建筑竞相登上大城市的舞台。例如，1928年在上海建成的表现美国芝加哥学派技术成就的沙逊大厦（今上海和平饭店）就是一栋13层钢架结构建筑，在那里，西方建筑的各种表现形式达到了登峰造极的地步。引起世界著名美籍华裔建筑家贝聿铭对建筑学产生极大兴趣的就是这座建筑。整个建筑的室内设计非常考究，汇集了9个国家不同风格的装饰和家具。又如，1926年建成的上海汇丰银行大厦，整体装饰呈欧式古典风格，如爱奥尼式柱廊、藻井式天花，典雅高贵、富丽堂皇。再如，上海的百老汇大厦（今上海大厦）、上海国际饭店等高层建筑，都是受当时西洋风格的影响，反映出近代技术及其设计思想的室内外设计风格。

（3）民俗型。尽管是在大城市里受西方设计思潮的影响而产生了一批高层建筑和室内设计，但是不可忽略的是同时期在中国多数城市和乡镇的民居设计仍按其特有的乡土情怀和传统方式进行着。它们呈现出自己的民俗环境、自然地理环境和文化背景环境，以独特的设计语言表现着人们对室内空间设计的理解和认识。如北方的四合院住宅、南方的里弄、西北的窑洞、云南西双版纳干阑式的住宅等。这一时期的民居设计，其室内设计因地制宜地以各有的程式化样式和做法，形象地反映出当地人文与民俗，是优秀民间传统的延续，是我国近代室内设计的补充。

2. 20世纪50年代至90年代的室内环境设计

20世纪50年代末至90年代初，室内设计从贵族走向平民大众，社会经济不断发展，改革开放深入人心，人民的生活质量与收入相对较高，人们从对居住环境的“能用、够用、好用”提高到追求“舒适、安逸、美观、情调”的室内设计高度上。室内设计走进了普通家庭。经济的高速发展刺激了商业竞争，各大商场、商业机构等也对室内设计提出了更高的要求，开始寻求与国际接轨，追求符合人的本性，满足其生理、心理要求的理想购物环境。随着外资企业在中国的增多，他们对所有租用的办公室空间进行的室内设计装饰，不论是设计水平还是材料选用以及施工技术标准，都对我国办公系列的会议室、写字间、办公室的室内设计产生了很大的影响。室内设计无论从理论上还是从实践上，大大地超越了历史上的任何一个时期的水平。设计师思考的角度已站在文化品位与审美内涵的高度上表述对空间环境的理解，并且开始审视未来、连接未来，设计风格进入了一个多彩的个性化阶段。

3. 20世纪90年代至今的现代室内设计风格

进入20世纪90年代中期之后，室内设计风格出现了新趋势。一是回归自然化。随着环境保护意识的增强，人们向往自然，呼唤绿色设计。在室内设计中强调与室外的大自然交流，选用天然材料，寻求自然纹理的亲切感。二是在设计上反映个性化，尊重审美主体的生理与心理的特殊需求，反对设计风格千篇一律化。三是强调设计高度现代化。把室内设计与当前的现代化科学文明技术相结合，使声、光、热、色、质等高度统一。四是设计弘扬民族特色的涉外服务室内空间环境。五是探寻人性化的设计意念。越是在高科技发达的今天，就越要注重人内心世界的心理需求，研究人的心理平衡点，让人们在喧嚣匆忙中，置身于一个富有人情味的建筑空间里。六是室内生态化设计。上述新趋势多偏向于后现代主义设计风格。

六、室内环境设计的表达特征

（一）室内环境设计的目的性和功用性表达

室内环境设计首要的问题是正确地表达其空间的设计目的和功用性。接受一个室内设计项目，首先要充分地了解该项目室内空间环境所承载的功用目的，家居空间是家人用来生活团聚的，商场的室内空间是满足不同阶层人们消费购物的，酒店是满足用餐、住宿的，写字楼是提供办公工作环境的，等等，这些室内环境都有明确的功用目的和使用要求，设计师只有在设计方案开始创意构思时，做好充分的调查研究，进行设计概念的宏观定位，才能为下一步的设计深化打下坚实的基础。

室内环境设计目的是使建筑内部空间的功能和目的性得以合理体现和利用，要满足人们对环境的使用要求既包括基本的需求（从物质的层面符合功能要求的需求），又包括对室内环境更高的审美要求（从精神层面对心理要求、情感要求）。为人们提供安全、舒适、美观的工作与生活环境是室内环境设计目的性和功用性的具体表达要求。一个设计方案的形成过程，也是设计师挖掘和表达室内特殊功能目的的心路历程。

（二）室内环境设计语言的表达

设计师水平的高低只有通过设计语言的熟练表达，才能具体体现出设计的创意与构思。设计语言的具体内容就是利用各种点、线、面设计元素，通过形式美法则的具体运用，将造型、材质、色彩、光影、陈设、家具等表达在各个室内空间的虚实界面中。

设计语言的表达就是在室内环境设计中把机能形式、结构形式和美学形式，从大脑中的意念变为集成体的设计符号，以保持住自发性的思维方式，通过一系列意象关联的抽象或具象符号，在设计图上完整地表达出来。

一个设计师除了能够在室内空间的各个界面中，熟练自如地打散与组合各种设计语言元素，以表现自己的美妙构思外，更重要的是还要在艺术设计素养上多下功夫，在各种艺术设计门类中汲取营养，艺术形式语言是相通的。室内环境设计语言表达得越精练到位，室内空间环境的设计美感就越被审美者所感知。

（三）室内环境设计的技术性表达

室内环境设计总是根植于特定的社会环境，体现着特定的社会经济文化状况。科学的发展在影响了人们的价值观和审美观的同时，也为室内环境设计的技术革新提供了重要的保障。室内环境设计总是要以新材料、新施工工艺、新结构构成以及创造高品质物理环境的设施与设备，创造出满足人们生理和物质需求的高品质生活环境，以适应人们新的价值观与审美观。

进入21世纪，科技的迅速发展使室内环境设计的创作处于前所未有的新局面，新技术极大地丰富了室内环境设计的表现力和感染力，创造出了各种新的设计与施工的表达形式，尤其是新型建筑装饰材料和室内结构建造技术以及国外室内智能设计的新发明，都丰富了室内环境设计的形式与内容的表现力。所以说，21世纪的室内设计师应该以空前的热情，学习和掌握建筑室内设计的新技术、新方法、新工艺，在设计方案中做出充分表达。

（四）室内环境设计的人性化表达

人性化设计体现在以人的尺度为设计依据，协调人与室内的关系。彻底改变从前“人适应环境”的状况，使室内设计充分满足人们对室内环境实用、经济、舒适、美观的需求。

人性化的设计很多是体现在设计细节上的，室内空间使用的舒适程度、尺度的把握、空间布局以及材料的运用，包括色彩、光线等安排都应按人的生理和心理来考虑。不同的空间也应根据不同的使用功能来设计，现在有些设计师不管是商业空间还是家庭住宅空间都注重的是设计样式，看重形式是否美观，忽略了人性的需求这一本质问题，没有真正区分什么是设计，什么是艺术。实用、经济、美观是设计的三要素，它更重要的是满足人的使用功能。因此，设计师要牢牢树立以人为中心的设计理念，这个“人”字，不仅仅是设计师自己理念上审美情结的表现与宣泄，更重要的是指满足室内环境的使用者审美要求。认真研究室内空间使用者的意志、性格、趣味、审美心理等因素，这一点应该规范和约束着室内设计创造的构思与完成。另外，设计师之所以表达不出人性化的设计，这与平时的实践有很大关系，如果没有亲身体会过卡拉OK，就不会知道这个空间需要些什么东西，这些东西怎么放，放在哪儿对人更合适等。如果没有这些体会就只有把别人做完的式样搬过来用，哪里还谈得上设计人性化的关怀与表达呢?

第二节 中国传统室内环境设计的美学特征

一、室内环境设计的基本美学特征

(一) 室内环境设计是文化艺术与科学技术的统一体

室内环境设计是环境艺术设计的一个分支，它是为了实践人们对美的追求而产生的一门学科，是文化艺术与科学技术的结晶，是人类社会进程中的必然产物，并反映和体现着社会发展至一个时期的艺术审美与科学技术的发展程度。它既是一门为人类创造良好室内环境的设计艺术，又是一门融合技术美学的科学技术，也是功能实用性和审美艺术性的统一体。现代室内设计既能反映出一个国家的经济文化发展水平，也能反映出一个民族的历史文化传统。

室内环境艺术设计一方面从设计构思、结构工艺构造材料到设备设施，都是与时代的社会物质生产水平、社会文化和精神生活状况相联系的。另一方面就艺术设计风格来说，室内环境艺术设计也与当时的哲学思想、美学观点、经济发展等直接相关。从微观的个别作品来看，设计水平的高低、施工工艺的优劣不仅与设计师的专业素质和文化修养等有关系，而且与具体的施工技术、管理、材料质量和设施配置等情况以及各个方面（包括业主、建设者、决策者等）的协调关系密切相关。一个人的一生绝大部分生活在室内空间中，在这个与人朝夕相处的环境中，人的生理和心理都会通过室内环境的各种界面设计、空间规划、色彩设计、光影设计、装饰材料运用、家具陈设设计等具体的设计内容来获得审美与实用的满足。在整个室内环境的设计活动中，每一步都离不开科学技术的支持。例如，光的照度舒适与否，材质的环保性能和指数，人体工学的科学测算数据等，一套优秀的设计方案最终是靠各种科学的施工程序展示出来的，所以说室内环境设计不是纯欣赏的艺术，是服务于人类的实用设计艺术，是文化艺术与科学技术的统一体。

室内环境设计应该寻求更合理的、更科学的、更有效的方法去利用空间与设计空间，更好地安排人的居住空间、工作空间和消费空间等，从而提高人的审美品位和生活质量。室内环境设计从设计方案开始，就离不开艺术审美与科学技术，艺术审美与科学技术直接关系到人在室内空间中的精神感受和生理感受，这是两个很重要的方面，它直接关系到百姓的生活。设计师应该最大限度地体现对人的关怀，不能追求华而不实的、新奇的、给生活带来不便的设计。设计师一定要有较强的文化艺术和科学知识功底。这就像鸟的两只翅膀，缺一不可。如果文化艺术语言表达的基础太差，就会影响到整个设计方案的发展。如果对一些室内设计相关的科学知识了解甚少，设计方案则会中途停止无法进行。所以，设计师要开阔文化视野，了解多方面的科学技术知识。任何一个室内空间都是一个室内环境系统工程，室内设计就是要为生活在这个系统内的人服务。人的需求是多方面的，他们有视觉、听觉、味觉、触觉、情感等生理和心理方面的诸多需要。因此，室内环境设计应从艺术和技术的有机结合上保证人们日益增长的物质和文化的需要。

目前有些室内设计师由于缺乏全面系统的知识结构，过度注重室内设计的装修风格、空间造型、光影处理等视觉需要，而忽略了人在其他技术方面的需求。比如，有的室内设计师只关注效果图设计得好坏，而不注意施工图中应标明的各项室内设计的技术指标。环境艺术设计不是纯艺术的欣赏，而是一门创造使用价值和审美空间的设计学科，离开艺术与科学技术的结合就没有完整的室内环境设计。这一点也是室内环境设计区别于其他设计艺术学科的一个美学特征。

（二）室内环境设计是理性的创造和设计审美的表现

室内环境设计是理性的创造和装饰审美设计的表现过程。室内环境设计是一项设计过程严谨、设计程序科学、设计内容涵盖面较大的一项设计活动。在设计的过程中，设计师不能只根据自己的审美情结和艺术形式与风格的喜好来设计创作，要冷静、理性地根据特定室内环境和不同的功能要求来进行科学的设计定位，时刻站在空间环境使用者的角度来把握设计的内容与审美形式。

室内环境设计方案的形成，不是一蹴而就的，它有一个科学的设计流程。首先立足于室内空间概念性的理性思考与定位，将所有设计的内、外因素经过设计师个人的理性分析与整合，然后再通过人性化的设计理念装饰形式语言的提炼、装饰材料的选择，并在一系列理性分析、感性想象的草案创作过程中，把很多程式化的空间设计形态和观念根据建筑室内空间具体的功能要求进行调整、裁剪、重组，然后形成一套完整的、功能与形式相统一的设计方案，最终通过施工过程赋予室内环境完美的表现形式。这一过程是理智的、思辨的、抽象思维与具象思维并举的设计表现过程。

（三）室内环境设计是功能与审美的统一体

室内环境设计的发展也是审美历程的发展，从一开始的以满足居住为主要功能的内部环境设计发展到今天人们要求设计一个对人的生理和心理都能带来审美愉悦的室内空间环境，其中的审美主体和客体发生的变化，正是体现着社会的不断进步和人们对设计人性化的需求。所以，21世纪的室内环境设计要求设计师把握住功能与审美这两大主题。

室内环境设计中最重要的设计概念是要把握住设计方案的实用功能要求，形式追随功能永远是设计的基本原则，但是随着人们生活质量的提高，在当今社会生活中不同空间的人们对室内空间环境的各个方面，如空间的划分、色彩的运用、材质的环保与生态、灯光的舒适等都提高到审美的高度来要求设计师给使用空间的人们带来生理和心理的审美愉悦。所以说，现代室内环境设计不只是给人们设计一个居住和消费的机器空间，更重要的是设计一个实用与审美高度统一的室内空间，环境艺术设计师应该是建筑空间创造美感的使者，这一点正是室内设计区别于其他设计专业的美学特点。

（四）室内环境设计的中心原则是“以人为本”

室内设计师应树立以“人”为中心的设计原则，要充分满足室内环境的使用者（审美主体）的审美要求。研究审美主体的意志、性格、趣味、审美心理等因素，这应是室内环境设计的中心原则，也是室内环境设计的基本美学特征之一。

室内环境设计的目的是创造高品质的生活与工作空间、高品位的精神空间和高效能的功能空间。作为空间的使用者——人，便显得尤为重要，人的活动决定了空间的使用功能，空间的品质体现了人的需求和层次。

“以人为本”实际上就是提倡人性化的设计，因为现代社会每天都会出现新的知识、新的材料、新的施工工艺，设计的用户也会不断有新的要求，人类的精神关怀和审美要求也在不断地细腻化，所以人性化设计应该落实在具体的细节设计上而不应该只停留在口号上。比如，室内空间环境使用的舒适程度、人性尺度的把握、空间布局以及材料的运用，包括色彩、光线等安排，都应按人的生理和心理要求来考虑。不同的空间也应根据不同的使用功能来设计，不能只看重形式是否美观，更重要的是要满足人的使用功能和亲和功能。

二、中国传统室内设计的美学特征

中华民族文化有着几千年的历史，对美的形态的认识也有着特殊的感受，每个民族审美的观念都有着重要内涵，既表现了每个民族特殊的美的价值观，也浓缩了该民族的文化价值观和民族文化心理特质，是民族文化历史发展的结果。对美的形态的这种特殊的感受，可以体现在民族艺术的创作风格中，也可以作为日常的风俗习惯、生活时尚、审美情趣，在社会生活的各个方面表现出来。中国传统美学是中国传统文化的重要组成部分，它融哲学思想与文艺思想于一体，有着丰富多样的形态，映射出中华民族心灵的各个方面。中国传统美学的生生不息，是因为其中有着深厚的人文底蕴，它以人为中心，将人与自然、人与审美有机地融合在一起。因此，研究传统美学，就不能不研究它与人文的内在关系。中国传统美学的人文底蕴，首先体现在对于人性解放和人生意义的不懈追寻中。中华民族是一个热爱生命、以和为美的民族。相对于哲学的理性思辨与伦理的实践，审美活动通过“吟咏情性”，使人的生命冲动在美的王国中得到升华，精神获得自由，意义得到形而上的超越。

中国传统的建筑和室内设计，一般来讲是以木结构为主，其特点是梁柱承重，墙体起到围护的作用，室内空间较大，运用格扇门罩以及博古架等物件对空间进行多种划分，采用天花藻井，雕梁当柱，斗拱加以美化，并以中国字画和陈设艺术品等作为点缀，创造出一种含蓄而高雅的氛围，特别是经历了千百年的发展完善，形成了中国建筑室内固有的传统风格样式，其造型特征被称为“中华民族传统形式”并一直延续至今。

中国传统建筑室内设计，通常还表现为室内对称的空间形式，在多数的宫殿和厅堂中，梁架、斗拱等都以其结构和装饰的双重作用成为室内设计表现的一种艺术形式。从大量的宫殿建筑中的室内天花藻井、家具、陈设、字画等多方面因素中，均可以把它们作为一个组合得较为完美的一个整体空间设计。室内除了固定的隔断外，还有移动的屏风、半敞开的照壁、博古架等与家具相结合，对于组织空间起到了增加层次和空间感的作用，这也是中华民族含蓄美学的一种体现。一般民居则较简朴、自由。在色彩的处理上，中国北方宫殿建筑室内的梁、柱常用红色，天花藻井绘有多种多样的彩画，用鲜明吉祥的色彩取得对比调和的效果。中国南方的建筑室内风格则常用冷色调，白墙、灰砖、黑瓦，色调对比强烈，形成了江南特有的秀丽。

中国传统室内设计有三个层面，即物质层面、技术层面与精神层面。物质层面包括空间界面、家具与陈设；技术层面涉及结构、工艺、规范与标准；精神层面则指凝固于物质层面和体现于技术层面的社会意识和设计者的文化素质与审美能力等。

政治思想、法律以及哲学、艺术、道德等观点与我国的地理环境共同决定了室内设计的一般特征。设计者的文化素质和审美能力、经济条件、技术条件和建筑所处地区的地理环境、民族习惯等共同决定了室内设计的个性特征。从而使室内设计形成了一个既统一而又多样的局面。

在漫长的社会进程中，我国形成了自己独特的民族文化。在这种民族文化中有一个重要的部分，就是关于建筑室内设计的美学精神，这种精神层面是和世界其他民族有着本质区别的。它注重完整性，偏爱含蓄性，喜欢情节性，具体体现在以下几个方面。

（一）空间分离采取的形式是“断而不断，隔似未隔”

主要表现工具有碧纱橱、落地罩、屏风、博古架、帷幕等。“秋千院落重帘幕，彩笔闲来题绣户”“庭院深深深几许”等古诗词中的场景就是这种形式。这种形式和我国的家庭观念是分不开的，我国的家庭模式在形式上就是分而不分。小的家庭和整个大的家庭是联系在一起的。另外，屏风上可以有美丽的图画和典故，博古架可以用来摆放古玩等物品，这些家具也体现了主人的内涵和品位，并提高了空间的艺术氛围。“断而不断，隔似未隔”的风格现在依旧可以在今天的中式室内设计中广泛地应用。

“借景”多为“远看”，引入自然景物则为“近观”。供石、养花、制作盆景，在我国均有悠久的历史。《周礼》注称：“周公植璧于座。可见供石之风，兴之甚早。到后来，以奇石置案，用石制作挂屏、座屏者，就越来越多了。”将自然景物引入室内，意在“一卷代山，一勺代水”，以小见大，寓无限意境于有限的景物之中。反映出来的就是人们依恋自然、热爱自然，希望与自然和谐统一的感情。

（二）中国传统设计在装饰上采用含蓄的手法

在手法上主要有三种：谐音、隐喻和借喻、象征。

一是谐音的运用。我国古代的室内装饰图案大量采用了蝙蝠、鹿、鱼、鹊、梅等图案。蝙蝠的“蝠”和“福”同音，“鹿”和“禄”同音，“鱼”和“余”同音，这和我国传统的求福、求禄、求功名是分不开的。有些老的房子厅堂上的家具摆设也很讲究，厅正中自里而外，长条几、八仙桌，桌子两侧是太师椅，厅堂两侧摆放茶几和木靠椅，八仙桌两侧是主人和贵宾的座位，两侧待客用，在长条几上的陈设很有寓意，东边大花瓶西侧放镜子，中间一台自鸣钟。男左女右，男人外出经商，平平（瓶）安安，女人在家心静（镜）如水，钟声响起寓意“终身平静，一生平安”。这些都是人们对幸福生活的美好向往。

二是隐喻和借喻。在各种窗户和门栏中多使用梅、兰、竹、菊，还有“暗八仙”等，这些物品的引用多表示主人的精神追求。梅菊耐寒，竹子有节，表示“气节”，“暗八仙”则表示行行出状元。安徽西递宏村一带的民居窗户上的图案就十分有特色，如用菱形格的图案表示“冰冻三尺，非一日之寒”，用这些寓意来鞭策和鼓励居住在其中的人们的做事方法。还有一个十分有意思的设计就是某位商人将大门设计成“商”字，凡是到商人家里都要从商字的下面过，这是典型的和我国传统的“商为末，农为本，读书为最高”做抗衡。云南土司家里设计的楼梯也非常有味道，将上梁做得很低，进去就要低头，这是“人在屋檐下，不得不低头”的隐喻。这些地方特色的设计为我国的建筑室内设计增添了不少的故事。

三是象征手法。在室内物品的装饰上多采用此手法。床头的石榴图案，枕头的鸳鸯图案，桌子等家具上的仙鹤图案都是典型的代表。石榴代表“多子多福”，鸳鸯代表“夫妻恩爱”，仙鹤则表示“长寿”。还有值得注意的一点就是我国传统对数字的运用，“十二”表示十二个月，“二十四”表示二十四个节气。

（三）空间形式的完整性，非常有序

我国的建筑外形和内形主要是长方形、正方形、圆形、菱形或者正多边形，极少采用不规则的形状。所以，我国的院落也多是以四合院的形式为主，在不同的地域形式略有区别，但大体差不多。既然外面的是规矩的形状，那么里面的物品用规矩的形状也就不值得怀疑了，仔细观看我国的桌椅板凳非圆即方。这和等级意识是分不开的。

总之，我国传统美学由于具备深厚的人文底蕴，因而是中华民族精神世界与文化心理的突出表现。中国传统美学在形态上具有黑格尔在《美学》中所提出的暂时性与永恒性两方面的因素。所谓暂时性是指它的历史具体性，这些特定时代的观念会随着时代的变迁而改变；而一些永恒的人文底蕴，如追求人生的审美化，人与自然的统一等，这些精神性的东西不但不会消逝，反而随着时代的发展而生生不息，融入民族文化与精神世界之中。我国古代审美要求“内敛”，正是美善统一的自觉要求，与西方审美观中张扬的唯美主义、片段性思维相比，是一种看待世界更为客观的视角。要了解我国建筑、中式风格的室内设计，就必须了解我国建筑的文化，而了解我国的建筑文化，就得从我国的美学思想着手。只有深刻地理解了我国的美学文化内涵，才能把中式的室内设计做到既有外在美又有内在美。

第三节 我国传统美学思想在现代室内环境设计中的体现

一、现代室内设计的审美需求

现代室内设计的出发点和归宿是以人为本、为人服务。现代室内设计不仅要满足现代人在生理和心理上的需求，还要综合处理人与环境、人与人等多项关系，在为人服务的前提下，综合解决使用功能、经济效益、舒适美观、环境氛围等种种要求。我们只有全面地了解现代人的审美需求，才能更好地将我国传统美学的精髓融入其中，发展具有中国特色的现代室内设计。

（一）现代室内设计需要简洁

现代的社会条件日趋复杂，现代人需要面临的问题也逐渐增多。在纷繁复杂的社会生活背后，对于简洁形式的追求更加强烈。映射在现代室内设计中的，即是对现代简约风格的崇尚。现代简约风格起源于20世纪60年代的西方，当时兴起了“现代艺术运动”，主要特点是提倡运用新材料、新技术建造适应现代生活的室内环境，以简洁清晰为主要特点，注重室内空间的使用功能。室内布置按照功能区分的原则进行，家具布置与空间密切配合，主张废弃多余的、烦琐的附加装饰，在色彩和造型上追随流行时尚的元素。鉴于此，欧式简约风格符合了现代人精神上的需求，在我国大范围流行开来。这种现象不仅告诉我们现代人对于室内设计的审美需求，也给予我们一个值得思考的问题，即属于我们自己民族的，具有中式风格的现代简约在哪里？可以说，简洁不是设计目标，但却是现代设计方法的必然结果。因此，我们需要深刻透彻地研究传统文化，提炼出适用于现代室内设计的美学思想，指导和发展我们自己的简约风格，并将其发扬光大。

（二）现代室内设计需要绿色

现代人环保意识日益增强，越来越重视整体生活的质量，对于室内环境的要求则是提倡节能环保，倾向于绿色设计。绿色设计也称为生态设计，是指无公害、无污染的设计，其中包括无空间污染、无视觉污染、无光污染、无设计语言污染等。它的基本思想就是在设计阶段将环境因素和预防污染的措施纳入室内设计中，将环境性能作为室内设计的设计目标和出发点，力求对环境的影响程度达到最小。绿色设计的依据除了包括功能、性能、质量及成本要求外，还应包括环境效益和生态效益指标。在构思及设计阶段，就要充分考虑保护生态环境的问题，把经济效益、环境效益和社会效益结合起来，尽量保持人与自然环境、社会环境的和谐。在环境问题日趋严峻的今天，绿色设计将是现代室内设计的重心。

（三）现代室内设计需要自然

古人崇尚自然，总是将中国传统室内的内部空间与外界的自然因素相结合，相互沟通，形成一个通透的空间组合。到了现代，居住在钢筋混凝土堆砌而成的狭小空间里的现代人，在经历了喧嚣繁杂之后，最向往的环境也是返璞归真，回归自然，以求得身心的放松。现代室内设计的目的在于为使用者提供和创造一个健康、合理的生存或活动空间。古人造园中就强调返璞归真，回归自然。每一个转折处的景观都在向游人讲述着不同的故事；漏窗借景的妙用，可使观者获取不同的意境；曲径通幽的神韵廊柱与阳光影子构成的关系，无时无刻不在展示着一种流动的美。所有这些诸如此类的手法，都是在创造一个可供人们吸收的条件。而现代室内设计虽不会直接沿用古人的手法，但可以继承古人在这方面的创意。通过设计师的手，设计创造出一个不断向使用者提供营养的空间环境，也就是说能让使用者从设计中不断地吸收有用的成分，以充实和丰富人们的生活。

（四）现代室内设计需要内涵

在以往的室内设计中，人们重视装饰的样式，偏重对形式美的追求。随着物质水平的提高，现代人越来越重视精神上的需求。现代的审美层次从单一的形式美转向文化意识，人们更重视艺术风格、文化特色和美学价值的追求以及意境的创造。人们在探索科技进步的同时，对以往的文化传统并不是否定和抛弃，而是以强大的内聚力包容了传统文化所创造的传统技术、传统工艺，并在现代设计的基础上，融入传统设计的美学精华，使传统文化的内涵得到延伸。同时，在室内设计中，设计师应充分认识到现代人在审美上对精神内涵的需求，不断地掌握和利用新技术、新材料来打造具有文化素养的精神空间。

（五）现代室内设计需要个性

从改革开放至今的室内设计发展历程来看，中国的室内设计已从最初的追求高档次的材料和样式逐渐发展为今天的现代简约、中国传统样式与西方古典样式等各种风格百花齐放的局面。人们的选择也已从千篇一律的共性成功转型为对个性的崇尚与追求。在对个性的需求上，人们渴望室内空间在提供舒适与协调的同时，能够体现出与自己的情感产生共鸣的文化氛围，营造出一个有特征、有气氛、有归属感的环境，并让其与自己的工作、兴趣、爱好相吻合，在一定程度上展现出自己的品位和风格。例如，老年人由于他们的文化背景和心理特点，比较偏爱古典的风格以及沉稳的色调，而儿童则喜爱鲜艳明快的氛围。因此，设计师在进行室内设计时，要充分考虑到不同人群的个性需求，使室内设计从纯物质上升到精神生活的层面。

二、现代室内设计对传统美学的继承

现代室内设计思维的变化如同对时尚的追逐，不断地推陈出新；现代人对于室内环境的需求也越来越丰富化、高度化。不仅要在形式上富于创新，在精神上也要注入一定的文化内涵。这就需要我们将传统美学作为现代室内设计思维的支撑点，从中汲取精华。虽然现代人的生活需要现代的环境、现代的器物，但我国的现代室内设计不是要丢弃历史、丧失传统，也绝不是要全盘西化。我们今天的室内设计是一个强调历史的延续，倡导民族性，赋予文化内涵的设计。所以，现代室内设计对传统美学的继承方式应当是批判与相对的继承、综合与创新的继承。

（一）批判与相对的继承

众所周知，我国有着上下五千年的文明历史，与世界其他民族的文化相比，我国传统文化具有源远流长、延绵不断、气势恢宏、博大精深的特点。对于我国传统美学思想，既有精华又有糟粕，我们在欣赏其独特魅力的同时，要取其精华，弃其糟粕。

所谓“批判”，就是要对中国传统美学思想中的糟粕进行摒弃，批判其过时的、不适应现代发展的、阻碍我们进步的消极的因素。我国传统美学中森严的等级制度，体现在传统建筑与室内装饰等级的划分，包括装饰部件、色彩的使用等，宫廷与普通百姓的室内装饰中有着天壤的差别。在我国传统建筑室内的平面布局中基本采用的都是规则的几何形状和对称的布局形式。这种等级制度和均衡对称在当时的社会中可能具有重要的意义，但是呈现在人人平等、自由和追求“个性”的现代社会便是不可取和不适用的。

所谓“相对的继承”，就是要弘扬我国传统美学中的精华，继承其在现代室内设计中还能够发挥作用的、能够推动设计思维前进的积极思想。在分析和研究我国传统美学思想的过程中，我们见证了古人真知灼见的美学思想，如崇尚自然、以整体为美、虚实结合等，这些观念不仅为传统建筑与室内的设计思想提供了理论依据，而且在提高现代室内设计的文化内涵上也具有同等重要的指导意义。

（二）综合与创新的继承

所谓“综合”，包括两个方面的含义：一是在对中西文化的比较研究中，把握中西文化的不同特点，进而比较中西美学思想的区别。对中西美学思想的精华和糟粕进行仔细的辨别，并根据时代的要求，将中西美学的先进思想成果有机地结合起来，应用到现代室内设计之中。值得我们注意的是，在借鉴和吸取外来文化时一定要以本国的文化为主。以达到洋为中用，以中为主，为中所用的目的。二是在对我国传统美学的研究中，决不能从一派一家出发，而是要将各个时代的各个学派（如儒家、墨家、法家等）的美学思想加以认真地研究，从而综合得出适应现代室内设计的新思维。可见，综合是一种全面的、比较的、分析的、鉴别的综合，是一种与创新紧密相结合的综合。

所谓“创新”，是指在综合基础上的一种新的创造，是根据社会的发展、历史的进步和时代的要求所进行的一种崭新的文化建设。对我国传统美学的创新，则是要根据现代技术与材料的发展程度，现代室内设计中人与人、人与物、物与物的关系，将传统的思想进行升华，进而融入现代室内设计思维中。如将古人的整体意识，创新到现代室内设计思维当中即是室内与家具的一体化设计，家具与室内整体情调的营造等。我们也可以将古人在园林中借景、移步换景等的设计手法应用到现代室内设计当中，这都是对我国传统美学思想的创新继承。

总之，我们要坚持从我国国情出发，坚持以今为主、为今所用，辩证取舍、择善而从，并积极吸收、借鉴国外建筑大师的成功经验，更好地将传统美学融入现代室内设计思维中，以推动具有中国特色室内设计的发展与繁荣。

三、现代室内设计继承传统美学思想的方法途径

（一）家具与室内的一体化设计

在室内设计中，家具是构成室内空间的主体，家具的选择和布置是烘托室内设计风格的关键。根据传统美学中“以整体为美”的审美准则来看，家具与室内环境要想更好地达到整体统一的效果，就需要设计师在进行室内装饰设计的同时，对家具的功能和造型进行一体化设计，进而使家具与室内相互融合，形成一个整体。

在室内设计中，由于空间界面的确定，通常造成空间功能上的不足。这时，就需要利用家具的功能性来进行弥补。设计师可以根据空间界面的需求来同步设计满足其功能需要的家具，并通过这些家具的分隔，以达到划分空间的目的。由于空间的大小已由外部建筑环境所决定，某些室内空间界面也不能根据室内设计随意更改，这就要求设计师在进行家具设计的同时充分考虑到空间的大小，以便设计出尺寸与空间相符的家具。

将家具与室内进行一体化设计，不仅融合了传统美学思想的精髓，而且也能够符合现代人对个性的需求。另外，从古人的设计中，我们可以深刻地感受到“美”与“善”，“文”与“质”的统一。因此，在进行家具与室内一体化设计时，设计师也一定要将这种既注重功能又强调形式的美学思想融入其中。

（二）营造整体情调

古代艺术家十分注重意境的营造，强调整体情调的和谐，这与现代人的审美趣味是相同的。因此，现代室内空间环境也应该注重对整体情调的营造。

所谓空间的整体感就是将影响室内环境因素的各个部分经过综合构思，使其形成一个有机统一体。各个因素之间相互依存，相互影响，进而形成的一个恰当和谐的状态。设计师在进行室内设计时，首先要抓住空间的精髓，找准空间气质的定位。在选择或设计家具、艺术装饰品时，设计师务必要根据室内空间中的人与人、人与物、物与物的关系，统一构思、精心设计、谨

慎选择，一切服从于整体效果。

营造室内环境的整体情调，就要力求室内空间中的各种因素在色彩、材质、形态等方面达到意境的和谐统一，并通过设计将体现我国风情的造型元素完美地融入家具与室内装饰之中，使他们相互渗透，形成视觉上的联系。

1.色彩的选择和使用

色彩是居住环境的一个重要标志，在室内设计中具有很大的感官影响力。富有美感的室内环境色彩能够给人以和谐、舒畅之感。室内空间的各组成要素的色彩是整个室内色调的构成部分，要想烘托出室内环境的整体气氛，在设计中就需要将家具、装饰品等的色彩与室内色调相配合，以达到统一和谐、相映生辉的效果。

从我国古建筑与传统室内设计在色彩上的应用来看，红色以其独特的魅力一直占据着主要的位置。国际上也对红色赋予了“中国红”的命名，在他们的眼中，红色即是我国传统文化的代表之一。红色象征着吉利、喜庆、希望和幸福，具有青春的活力。在室内空间中，可以用红色系的装饰来打造空间的氛围，提升室内空间的文化气质。在儒家“礼制”思想的熏陶下，我国古建筑中对色彩的使用是有等级制度限制的。皇家苑囿的缤纷华丽与普通住宅的素面朝天形成了鲜明的对比，时至今日，大多数人依然是喜欢淡雅轻快的色调。在今天这样一个开放的环境下，色彩的选择和使用已经不受到“礼制”思想的制约，可以大胆地选用明度较高的颜色，使我们的设计更加绚丽多姿、光辉灿烂。

在整体情调的营造中，室内环境的整体色调一般采用大调和、小对比的方式。室内空间首先要呈现出一个主色调；其次由一种到两种辅助色调来与其进行相近色的协调或补色的对比，从而突出主体颜色。例如，在淡绿色的室内环境基调中，可以配之以深绿色的地毯和豆绿色的组合家具，使室内空间呈现出统一在绿色中的相近色的变化效果；或在米灰色调的室内空间中放置咖啡色的沙发、米黄色的家具，利用含有黄色成分的相近色来反映室内整体环境的统一。

在对室内环境的设计中，设计师还要考虑到色彩所带给人们情绪方面的效应。根据人们对色彩心理倾向研究的结果，认为不同的色彩对人的心理有很大程度的影响，如橘黄色能增进食欲，暗红色令人精力集中，淡蓝色让人镇静，豆绿色使人振奋等。

2.材质的选用和搭配

室内装饰品的材质也要力求达到统一，不同的材料具有不同的质感，即使是同一种材料，由于加工方法的不同也会产生不同的质感，所以在设计中要尽量选用视觉和触觉相近的材质，还要根据不同类别、年龄的人对室内空间环境的具体需求来选择肌理效果。在形态方面，可以利用某一个图形或图案作为主题，并让其在家具、饰品等要素中都有所体现，只有把握及利用好各种技术与艺术元素，重视室内每个细节与艺术刻画，才能真正达到室内环境的整体统一。

3.注入生态元素

在我国的古代，先人们是十分懂得尊重天成、珍爱天然的，并且很早就开始注重对自然的尊重和保护。在我国传统美学思想中也蕴含了丰富的生态思想和生态智慧。面对现今环境日趋恶化的问题，现代人也更加认识到生态环境保护的重要性。生态化设计已经成为现代设计师一直努力的方向，这种注重人与自然的共生、和谐的思想自古就融入我国的艺术设计之中，因此，在室内设计中注入生态元素也是将传统美学与现代室内设计思维相融合的方法之一。

很多人将生态元素理解为花草树木、原木装修、假山假水、田园风情，认为这些就是生态的代名词。其实，这种对生态的理解，只能说是停留在一种表象之中，更多的时候是走入了一个误区，甚至违背生态原则，反其道而行之。例如，以回归自然为主题的原木装修，就不能说是一种很“生态”的家居方式，因为这直接导致对树木的采伐。

室内环境的生态化设计需要体现三大主题：以人为本、呵护健康、资源的节约与再利用。设计的出发点要以适用、耐久、经济、安全为主。室内的生态化设计包含多个基本条件：声、光、水质、地质、绿化率、通风、换气、日照、采光、温度等。营造一个理想的生态家居总的原则就是尊重自然、优化设计、利用能源。具体来说主要表现在以下几个方面。

（1）使用绿色环保材料。大量调查资料显示，室内空气污染程度通常比室外要高。而室内装饰材料及家具的污染是造成室内空气污染的主要因素。由于这种污染源的存在，对于周边的室外环境也具有同样不可忽视的负面影响。因此，在选择装饰材料时，我们应该选用绿色环保材料。所谓的绿色环保材料就是指以环境和环境资源保护为核心概念，设计生产的无毒、无害、无污染的装饰材料。由于现在大多数产品不能完全达到这种要求，因此，装修材料的选择首先要考虑无毒气散发、无刺激性、无放射性和低二氧化碳排放的材料。有关专家特别提醒消费者，在选择绿色建材的时候，室内墙面装饰尽量不要大面积使用木制板材，可选用一些正规厂家生产的丙烯酸类乳胶漆，如果经济条件允许，可选用新型无污染PVC环保型墙纸，窗帘、床罩等软装饰材料最好选择含棉麻成分高的布料。

（2）充分利用太阳能。生活经验和研究结论告诉我们，良好的光环境对人的生活品质、工作效率和心理状况会产生有益的影响。在传统建筑室内的空间中，大部分的光源也都来自太阳的光照。在现代室内设计中，形成光环境的因素主要有天然采光和人工照明采光两种。为了降低建筑能耗，在住宅设计时应充分利用天然光源，选择合理的建筑规划方案，并根据地理条件，使住宅的各个房间都尽可能地获得充足的光照。

（3）倡导节约和循环利用。对不可再生资源的节约和回收利用，对可再生资源低消耗使用以及资源的可循环利用，是可持续发展的一种基本手段，也是居住空间生态设计的基本要求之一。在设计的过程中，我们应该对常规能源与不可再生资源采取节约和回收利用的方法，同时也要尽量降低对可再生资源的消耗使用。在选择建筑材料的时候，应该优先选择可循环使用的材料，有效地利用自然资源，尽量减少对自然的破坏。另外，设计师应该尽量利用一切可以重复利用的建筑装饰材料，如可被重复利用的配件、家具、设备零件等，以达到资源利用率的最大化。

（4）使用新材料来打造淳朴自然的室内风格。我们生活在现代钢筋水泥的“森林”中，紧张而忙碌地工作、生活着，疲惫、压抑的身心渴望得到放松。现代人需要科学、简约、自然的生活方式。因此，设计师在进行室内设计时应该崇尚简约、淳朴自然的室内风格。

在我国传统室内设计中，多采用木质的材料和肌理来打造人与自然相互亲近的氛围。对于现代室内设计而言，我们可以借用实木原色来营造自然纯朴的清新环境，同时融入高科技因素，将形式与功能相互统一起来。在材料的运用上，考虑到现今木材资源的紧缺，设计师可以使用树脂、塑料、高密度复合环保材料等来替代木材的使用，这不仅符合现代人追求淳朴简约的审美需求，也融入了我国传统美学的设计精髓。

4.传统艺术表现手法的创新运用

室内设计除了要满足功能上的需要，同时也要反映人们心理上的需求。在现代建筑中，钢筋混凝土的应用让建筑与自然划分开来，室内与室外被严格界定，人们彼此分离，缺少了沟通与交流的纽带。城市的喧嚣、复杂的人际关系，更是让现代人渴望拥有安逸舒适、轻松自然的空间环境。因此，我们需要在确保拥有个人私密空间的同时，增加空间的流动性，给予现代人相互交流的空间。

（1）巧用“借景”手法。在我国古代艺术创作理论中，我国古典园林的营造法则一直备受人们的惊叹，那种“因地制宜，顺应自然；山水为主，双重结构；有法无式，重在对比；借景对景，引申空间”的造园法则以及自然、淡泊、恬静、含蓄的艺术效果一直是现代人所追求的意境。我国古典园林通过借景、抑景、添景、对景、框景等造景手法来表现自然，以求得渐入佳境、小中见大、步移景换的理想境界，这也给我们在室内环境艺术创作中提供了重要的启示。

在进行室内空间设计时，设计师可以将我国古典园林中“借景”的手法创造性地应用其中。例如，在室内空间中，设计师可以把“园林的山水”引入室内环境当中，在水流的两面布置石林、花草或室内建筑物，以形成两侧夹持的形式。借助于水面的闪烁不定、虚无缥缈、远近难测的特性，以增加空间的深远感和意境美；抑或借助我国园林中的“框景”来丰富空间的层次变化，采用或方或圆的窗形也正吻合了我国传统天圆地方的思想；也可以借用我国园林的“障景”，以此来打造空间的效果。如酒吧的入口处做一面石墙，石墙中部为玻璃格窗。使人进入酒吧后，产生一种时空转换的感觉。当坐在桌边，听着音乐，品味佳酿的时候，让人享受到暂时脱离尘世喧嚣的惬意。

（2）为“隔而不断”增添功能性。设计师还可以借鉴传统室内空间的分隔方式，并加以创新和运用，在设计中抓“断而不断，隔似未隔”的神韵。传统室内空间最具有特色和突出之处在于综合运用隔扇、屏风、罩等来创造出变化丰富、隔而不断的流动性室内空间。传统的隔断具有实用与装饰的双重功能，因此在现代的室内空间的设计中，有镂空木质隔断或竹帘类软性隔断等来分隔空间。在此基础之上，我们可以将侧重点放在功能上，利用透空式的高柜、矮柜、不到顶的矮墙或透空式的墙面来分隔空间，用以强调与相邻空间之间的连续性与流动性；或是借助暗拉门、拉门、活动帘、叠拉帘等方式分隔空间，以增加空间的灵活性和实用性。例如，书房采用装饰拉门的形式，独立使用时可以作为工作和学习的空间，当有客人来访时可将书房的门拉开，使其与客厅的空间相融合，形成一个娱乐休闲空间，从而可以扩大会客的空间范围。除此以外，设计师还可以利用水体和绿色植物来进行分隔空间，不仅使人在听觉和视觉上能够获得美的感受，也能让人的身心得到放松，在室内空间体会到山水的自然之乐。

(3)“虚”与“实”的再创造。现代室内设计的元素包括家具、装饰品和灯光等，根据人们不同的需求，现代室内空间中也相应地呈现出其他的一些元素。不管元素的多与少，都可以将“虚”与“实”的搭配融入每一部分的设计中。

古人在审美上很少把注意力放在局部和细节上，细节的发生也是在整体的框架之中，这也验证了整体与局部的美学法则。局部设计服从整体设计、整体的设计包括局部设计。例如，设计一个展厅，首先要强调主体和重点，也就是“实”的部分，让人一进展厅就能被深深地吸引。其次设计师在空间的布局上应有一定的缓冲设计，这种缓冲的设计可以称为“虚”的设计。在灯光的设计中，可以通过光的聚集与疏散的虚实互生，使室内空间中的人们得到心理上的舒适与自由。对于“虚”与“实”度的把握是成功设计的关键。在空间的平面布局中，除了适当地采用对称布局外，还应大胆地运用不规则的布局形式，以寻求变化和新鲜感。

在营造空间时关注这些审美对象的虚实关系，营造一种既有情趣又轻松、愉悦的审美氛围，创造出符合各种心理需求的适宜空间，把握好空间艺术与心理艺术的关系，是现代室内设计的关键所在。

参考文献

[1] 毕非易.现代室内环境中的自然生态水族造景艺术研究[D].芜湖：安徽工程大学，2018.

[2] 陈丹.居住区室外环境艺术设计初探[J].佳木斯职业学院学报，2017（02）：491-492.

[3] 陈媛媛.环境艺术设计原理与技法研究[M].长春：吉林美术出版社，2020.

[4] 陈媛媛.浅析环境艺术设计的创意思维[J].山西建筑，2019，45（05）：6-7.

[5] 戴佳楠.关于室内环境艺术设计中人性化探讨[J].明日风尚，2017（20）：66.

[6] 邓后平.景观造型元素在环艺设计中的应用[J].智库时代，2017（15）：48+50.

[7] 段晶晶.环境艺术设计在建筑设计中的应用分析[J].工业技术，2024，6（01）.

[8] 傅方煜.环境艺术设计与审美特征[M].长春：吉林出版集团股份有限公司，2019.

[9] 黄超.中国传统美学与环境艺术设计[M].长春：吉林人民出版社，2020.

[10] 李澈.环境艺术设计在建筑设计中的表现与应用[J].居舍，2020（36）：67-68.

[11] 刘利亚.景观规划与设计[M].武汉：华中科技大学出版社，2018.

[12] 刘应超.低碳理念下的环境艺术设计思路探究[J].上海包装，2023（07）：21-23.

[13] 欧阳磊.阐释与解读：环境艺术设计新探[M].长春：吉林出版集团股份有限公司，2020.

[14] 宋羽.现代环境艺术设计中传统文化元素的运用[J].美与时代（城市

版），2016（11）：74-75.

[15] 孙磊.环境设计美学[M].重庆：重庆大学出版社，2021.

[16] 王梦林，商晏雯.居住建筑室内设计与施工[M].武汉：武汉理工大学出版社，2012.

[17] 王思懿.浅谈环境艺术设计的经济价值[D].长春：东北师范大学，2017.

[18] 王子桐.探析居住区室外环境景观艺术设计[J].艺术科技，2015，28（02）：221.

[19] 文增，王雪.立体构成与环境艺术设计[M].沈阳：辽宁美术出版社，2014.

[20] 俞洁.环境艺术设计理论和实践研究[M].北京：北京工业大学出版社，2019.

[21] 张浩源.自然元素在环境艺术设计中的地位和应用[J].美与时代（城市版），2020（11）：63-64.

[22] 张蕾.室内环境艺术设计中环境心理学的运用研究[D].合肥：安徽建筑大学，2018.